糟糕，今天内耗又超标

青年作家 梁爽 ◎ 著

湖南文艺出版社　博集天卷

我想要的
梦想状态 =

又忙又美
+
布局自己
+
心流
+
自律力
+
正能量
+
沟通力
+
……

黏稠思维
—
患得患失
—
不自信
—
不专心
—
焦虑
—
玻璃心
—
……

当意识到不开心后，就勇敢地寻求答案，然后行动起来，人生才可能有后续的华章。

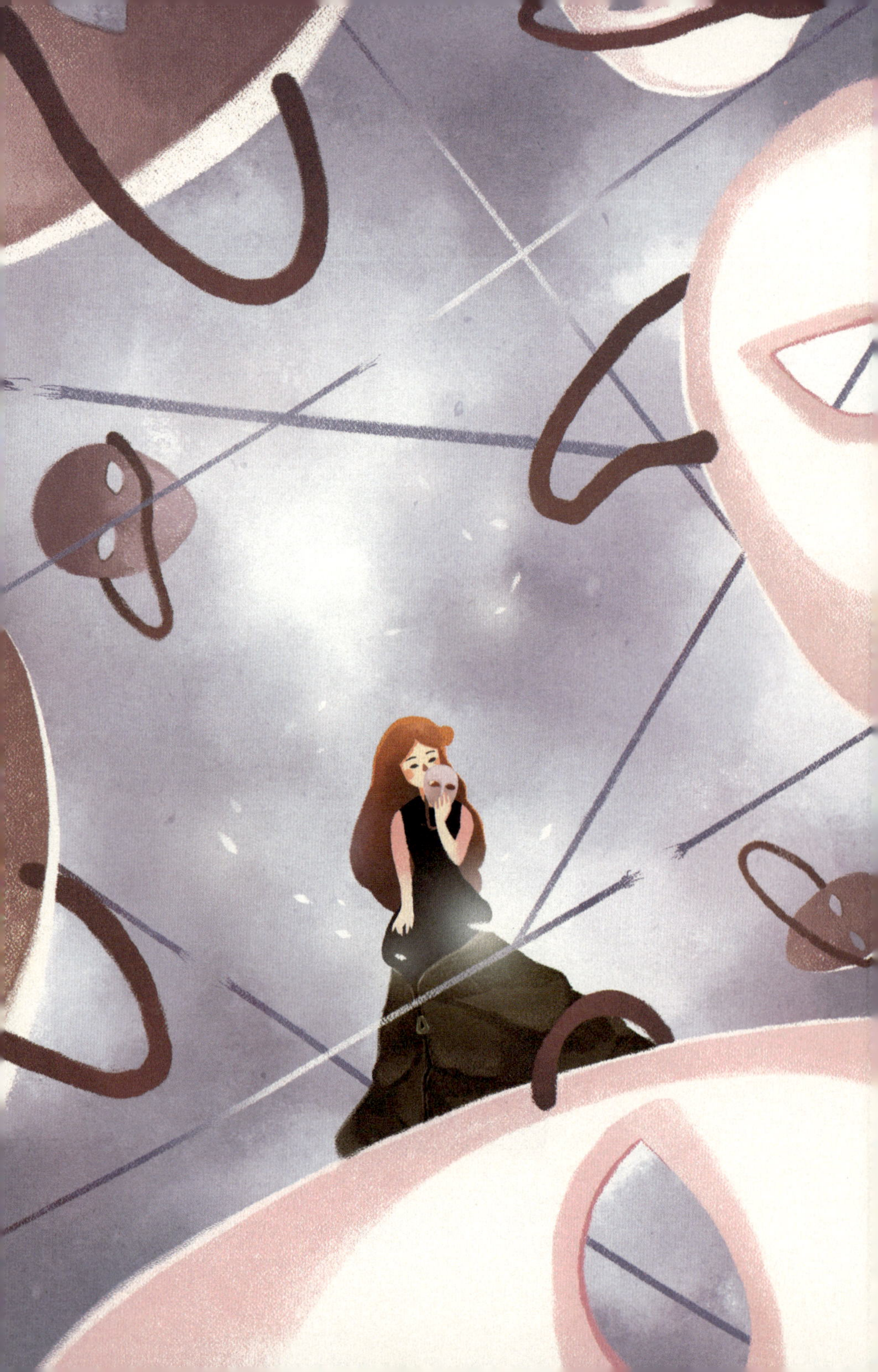

与其被人际关系弄得心神不宁,不如沉下心来厚积薄发。

谁痛苦,谁改变;

谁损失,谁负责。

我再加六个字:谁做到,谁厉害。

自己做自己的军师、探子、信差、士兵，一个人就是一个抢险队，把自己这个暂时落难的公主英勇地营救出来。

愿你一直有好奇心，有探索欲，有表达欲，真诚热烈、自由生猛地活着。

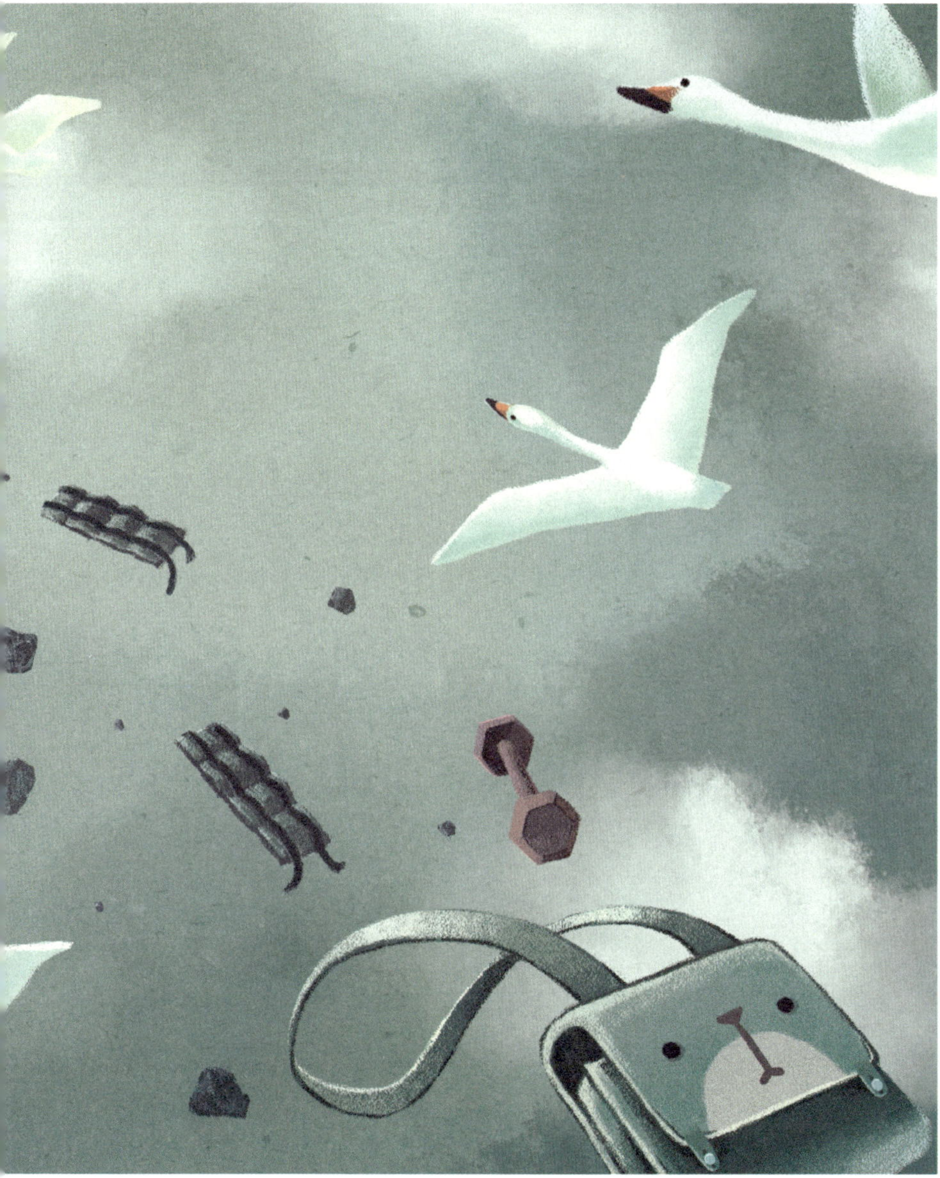

一个人的好情绪,是对自己最大的福报。

每一个内耗超标的日子,都是对人生的辜负。

前 言

从今天起，
请过低内耗人生

现代人有个终极困惑，我也没有做什么，为什么会这么累？

高票选答案是内耗。

内耗是一种内在的消耗，自己拖着自己，自己耽误自己。是自己和自己的斗争，自己对自己的敌意。

内耗者的"荣誉称号"包括但不限于全国胡思乱想大赛第一名，世界爱生闷气比赛十连冠，中央戏精学院优秀毕业生，国家著名自我打击乐队队长，国家一级拖延症运动员，空想不行动协会荣誉会长……

内耗的起点是外部刺激引起的小不快、小不甘、小不爽，仅自己可见，可能转瞬即逝，也许藏得很好，但如果放任自流，容易以小见大，以点带面，循环增强。

从"三日高内耗，便面目可憎"，到"你有多内耗，身体全知道"。

年轻人对外内卷，对内内耗。内耗可比内卷可怕多了，内耗是自己跟自己卷，对于内卷，你或许能说，他卷任他卷，我考公务员。但内耗呢，你总不能说，他耗任他耗，一起死翘翘。

人到中年，如临半坡。时间和精力大不如前，上有老，下有小，自己的身体也不好，生活压力指数级增长，外部损耗不敢惹，内部损耗更要躲。

卡夫卡曾在信中写道：时间很短，我的精力有限……要是我们不能轻易得到愉快的生活，就只好想些巧妙的办法迂回前进。

一边内耗一边喊累的我们，如何迂回前进？

过低内耗的人生。

情绪需要低内耗

现在很多人的口头禅是"气死"，表述虽略显夸张，但它的流行，说明生气、暴躁、烦躁等负面情绪高频出现。

负面情绪在人类进化中有不可或缺的正面意义，但在现代社会中，我们的环境不再是荒野求生，负面情绪的过量累积，最终反噬的是自己。

一种是长期负面情绪缠身，另一种是短期负面情绪剧烈越级，在我看来是最耗人的。

前者如电视剧《你好，母亲大人》中董洁饰演的丁碧云，婚后老公出轨，她一气之下带着儿子净身出户，性格变得要强，严格要求自己和儿子，遇到请求很少拒绝，表面含蓄克制，但负面情绪长期积压，或成她两度患癌的最大原因。

后者如周星驰的电影《喜剧之王》里的演员，导演要求试戏，儿子出世，老婆死了，儿子是天才，儿子畸形，老婆醒了……短时间内在极端事件的夹击下，演员面部神经失调。相较于情绪的递进，情绪的越级更伤精费神，损害心智。

情绪上的低内耗者，更需要提高情绪免疫力，扩大情绪颗粒度，修炼情绪内在稳态，减少负面情绪内耗，甚至把负面情绪的意义积极化，如让生气带来行动，让悲伤带来智慧，让后悔带来反思，让纠结带来梳理，让忧虑带来准备。

行为需要低内耗

有种养生行为叫内耗式养生，熬夜看眼霜测评，忙着上火又忙下火，忙着吃撑又忙消食。风风火火换上不瘦十斤不换回头像的头像，饿到晚上再复仇式大吃。虽然行为不少，但似乎离目标更远。

有种决策行为叫内耗式决策，脑子里总有两个人在吵架，等架吵完，事已经过去了。在通往行为的路上，激情和干劲被内耗快速败光。

行为方面的高内耗者，想得比谁都多，做得比谁都少；事情过去了，心情过不去；说出最硬的话，做出最软的事；口头上的巨人，行动上的矮子；每次临渊羡鱼，回家却没结网。

著名的皮克斯动画导演安德鲁·斯坦顿说："如果你面前有两座

山头，不知道该先攻打哪边的话，那就尽快做出选择，赶紧采取行动，一旦发现自己攻错了山头，那就赶快去攻另一座。在这种情况下，错误的行为只有一种，那就是在两山之间举棋不定地跑来跑去。"

多虑、犹豫是内耗的培养皿，翻篇、行动是内耗的阻断剂。

生活需要低内耗

朋友赚了笔钱，在海边买了套房子，打算当作度假屋。

问题接踵而至，张罗装修，安装网络，开窗散味，很多生活用品得买双份，还得考虑什么时候怎样运过去，等她一年后去度假时，觉得没有快乐，只有疲累。

占有永远是双向的，你占用着物品，物品也在占用着你的时间、精力、金钱和决策。一锤子买卖之后需要细水长流的维系。

人要轻盈地行走于世，需要低内耗生活打底。

为什么企业家乔布斯、政治家奥巴马、漫画家蔡志忠等，长期穿搭简单而固定？奥巴马的话很具代表性："我正在努力压缩需要做的决策，我不想花费精力在吃穿上做决定，因为我有太多的其他决定要做。"

消费主义从不重视我们的内心幸福，当物质欲望被压缩后，精神世界有更大空间，可以在热爱之事上有所创造，创造比消费更能抵御内耗。

这两年我的写作收入增加，但内心时不时惶恐，担心此时会不会是收入高峰，以后收入掉至低谷，生活品质下降，内心落差一定很大。

王神爱在节目《和陌生人说话》中说过："我不想当那种人人都夸，人人觉得很美丽，但是要花很大心思去呵护的花朵，但是我选择的是一种适合自己的，就是像野草一样活下去，并且旺盛地（活着），就算把我踩得感觉只剩根了，你过几天看我，我又冒出来了。"这段话改变了我。

当我开始主动消费降级，生活简化，我发现生活品质并无下降，物质简单换来精神丰盛和包袱减重，野草般的生命力和断舍离后的简约美，反而提高了我的生活质量。

工作需要低内耗

工作中低内耗的人，本着"机器人策略"行走职场。

当你在做不得不做、谁做都行的事时，就让自己成为一个算法驱动的"机器"，要事第一，绩效为王。

为了算法快捷，善于总结公式，精准沟通。

比如，领导布置任务，回复"好的"或"收到"已是旧版本，新版本是确认收到加动作加截止日期，如"好的，我总结了三个方案，周五下午 2 点前给到"；客户询问进度，只答做到哪儿了已是旧版本，新版本是结果加截止日期加询问是否有变动，如"已完成几个部分，还差哪个部分，今天下午 3 点前给到，要求有变更吗？"

当你在打磨现在或未来的核心竞争力时，就让自己成为一个创作驱动的人，结合你的审美和积累，调动自己的创意和情感，沉醉身心地做一件事。

当机器时，理智上线，情绪告退，合理安排，统筹调度，让一切尽量无误；当人时，专心专注，进入心流，人事合一，带自己突破能力边界。

尽快专心搞定工作，安心休息玩乐。

家庭需要低内耗

单身时，我们是动物，爱去哪儿去哪儿，爱干吗干吗；组建家庭后，我们变成植物，扎根在家庭的"土壤"里。

高内耗家庭的土壤不利于植物生长，对于感情，夫妻之间不停博弈，最伤人的话说给最亲的人听，互为差评师，互相消耗，没完没了地吵架，不是女人吵男人逃，就是男人沉默女人流泪，在痛苦中反刍，又在反刍中痛苦。

对于孩子，总是不信任，总在挑剔，总想控制，孩子长大后说不定要花时间治愈童年阴影。

而低内耗家庭的土壤都是相似的，会为自己和家人营造舒适的环境和舒心的氛围，让人拥有更多能量实现自我、探索世界。

我们结婚后不要活成一加一小于二，要大于二，有孩子后，三个人要大于三，父母来了，七个人要大于七，把家人相处中出现的问题觉察、分析、排除、预防，家和万事兴，一家人就是一支队伍。

本来生完孩子后我想写本母婴书,但产后我的身体变弱,情绪变差,经常陷入"你好可恶,我好可怜"的想法中。内耗时找自己麻烦,内耗超载时找别人麻烦。内耗最严重时,我在失眠的夜里感慨,轻装上阵才叫活着,我这种顶多算没死。

我目睹内耗的破坏力,也对艰难应对内耗的自己以及我的内耗密接者们深表同情。

工作上有个契机,我接触加工贸易业务,天天周转于有形损耗、无形损耗、单耗等数据中,任何变动都需要核算和审核,但在现阶段人生中,我却放任内耗,把所有养生变成徒劳。

每一个内耗超标的日子,都是对人生的辜负,于是主动节能降耗,过低内耗人生。我经常提醒自己:非必要不内耗。

在种种实践中,我领悟到内耗是想法、感受和行动的不统一、不匹配、不和谐,而理想的低内耗状态有三种。

一、思想、感受和行动,单项分值很高

比如,专心写作,行动只是简单地坐着,感受处于忘我状态,深入地思考,进入心流状态;专心按摩,行动只是放松地躺着,如果不想东想西,好好感受,身心得到绝佳放松;专心跳舞,记舞步听口令卡节拍,行动占了九成,想法清零,一曲毕顿感酣畅淋漓。

二、思想、感受和行动,在当下和谐统一

和孩子一起玩耍,感受孩子的细微反应,全身心投入其中,进入想、做、感在当下的统一,这是极为美妙的家庭时光。

但这很脆弱,哪怕你和孩子在一起游戏,如果思想走神,如突然想到未来孩子的激烈竞争,很可能就拉开内耗的序幕了。

三、感受、思考和行动，平滑地过渡

有一天我看短视频，一开始感受占了上风，内容一个比一个有趣，让我不停期待，过了一会儿，兴奋值降低，不是视频内容不好了，而是感受的边际效应递减。

在我头昏脑涨之际，突然好奇自己拍视频是什么体验，于是眼睛放光地想选题、做脚本，然后稍做打扮，架起手机，调整光线，拍了一条视频，尝试后期编辑。整个过程我都是内耗绝缘体，我在感受降落时，跳上思考的跳板，思考降落时，再跳上行动的跳板，像荡秋千一样，一次比一次兴奋。

当我意识到内耗的苗头了，我就有意识地调整思想、感受和行动的比值，这招帮我抵御了八成以上的内耗。

在当今节奏快、变化大、信息多的时代，内耗常以不易察觉的方式嵌入我们的生活，内耗几乎成为现代人的宿命。

游戏里是植物大战僵尸，现实里是成年人大战内耗，让我们在自己的菜地里，提前准备好抵御内耗的土豆，进攻内耗的豌豆，并源源不断地收集内养我们的能量花。

世界越难，生活越烦，我们就越不能内耗，未经降耗的人生，会越过越沉重，拆掉内耗的墙，拔掉内耗的管，攘外必先安内。

将来的你，会感激现在低内耗的你。

从今天起，我们相约过低内耗人生。

目录
Contents

Chapter 1　情绪提案
你要高薪，更要高兴

30 岁以后，我把"高兴"视为更高的修行。最重要的是认真关照自己的生活。让自己成为高兴的供应商，不把太多妄念倾注于他人身上。

想对自己好，就减少情绪雷点，提高情绪免疫力。别人一个眼神、一句话、一个动作就惹到你，你未免也太好惹了。

01 明知生气对身体不好，为什么还是忍不住 ... 002

02 未被满足的撒娇欲，让你持续性心塞，间歇性崩溃 ... 007

03 你要高薪，更要高兴 ... 013

04 "你气我，但气不到我"是低内耗的标配 ... 019

05 维持低内耗，需要什么思维工具 ... 025

06 在 10 分钟内，让濒临失控的情绪好起来 ... 032

07 低内耗的人，"翻篇力"很强 ... 039

Chapter 2　行为提案
不说硬话，不做软事

波伏娃曾说：男人的极大幸运在于，他，不论在成年还是在小时候，必须踏上一条极为艰苦的道路，不过这又是一条最可靠的道路。

我做事的原则就是，从利益出发，它要不要做；从风险出发，它该不该搏；从能力出发，它该不该干；从结果出发，它划不划算。而不是别人告诉我，我对不对。

01　好看很难，长期好看却简单 ... 048
02　为了变好看，要穷养脸蛋，富养习惯 ... 053
03　哪些穿衣要点，能让气质翻倍 ... 059
04　我当然不建议戒掉容貌焦虑 ... 064
05　女人赚钱就是硬道理 ... 069
06　为什么我建议女生在顺境时谈恋爱 ... 075
07　致灵魂有湿气的姑娘：不说硬话，不做软事 ... 081
08　主动穷养物质生活，能够富养精神世界 ... 088

Chapter 3　生活提案
自律上瘾，才是人间清醒

不要想着坚持，要想办法开始，从微小而有效的自律开始。如果投入微小自律，就能获取巨额利益，这种好投资，谁能不入股？

把有限的精力和财富，持续而反复地投入某一领域，长期坚持下去，就会带来巨大的积极影响。

01　为什么你自律着自律着，就不自律了呢？ ... 096

02　自律上瘾，才是人间清醒 ... 102

03　自律星人的时间术 ... 109

04　早上5点起床15年，真正的价值不在于早起 ... 115

05　自律十二时辰，希望有颜有钱还有趣 ... 122

06　这些时间管理小提案，让你又忙又美还不累 ... 129

07　每天坚持低强度自律，人生反而达到新高度 ... 135

Chapter 4 沟通提案
所谓"言值"高，就是会好好说话

真正的高手，说话目的性很强。

他们很少因为支线上的杂事或意外，耽误主线上的专注，脑子里时刻绷着"要把想做的事情做好"这根弦，于是说话轻重分明，突出重点。

说事的基本逻辑是，明确主题，先说结论，后说原因，再谈建议，每个环节若有多种情况，就分点说明，三四点足矣，不要贪多，最好有升序或降序的层次结构。

01 你的情商低就低在，说话缺乏"目的性" ... 142

02 好的沟通力，价值几个亿 ... 148

03 别让低"言值"，拖垮你的高颜值 ... 155

04 赶紧把自己当作网红来培养吧 ... 161

05 读书笔记，让我遇见更好的自己 ... 167

Chapter 5　工作提案
年轻人怎么提前布局自己，会脱颖而出？

不管你做什么工作，专业感溢出，就很体面。
时间精力这块大蛋糕，拿去琢磨别人的话中话，研判他人的喜好，分析自己给对方的印象，试图做一道亮丽风景线以后，真正留给专业技能的蛋糕块还有多大，不如将大把时间花在赏我饭碗的核心业务上。

01　做得到专业感溢出，抵得住内卷的残酷 ... 174
02　年轻人怎么提前布局自己，会脱颖而出？... 180
03　漂亮加上任意技能都是王炸，是真的吗？... 187
04　三十而立，是学历的"立" ... 192
05　舒适的本质，是定期踏出舒适圈半步 ... 198
06　比起熬夜，"熬日"更可怕 ... 204

Chapter 6　家庭提案
一个人是一支队伍，一家人就是一万雄兵

致老公：男人们还想和他们的父亲一样生活，可女人们已经不愿意像她们的母亲一样生活了。致婆婆：一个家只能有一个女主人。

谁痛苦，谁改变；谁损失，谁负责。我再加六个字：谁做到，谁厉害。

01　结婚，是先领证再学习 ... 212

02　从二人世界，平滑节能过渡到三口之家 ... 219

03　把婆媳关系当成一件小事 ... 225

04　不要被"密集母职"的社会风气绑架 ... 231

05　一个人在家带孩子，顺便享受生活 ... 236

06　把老公培养成高段位的育儿合伙人 ... 242

07　愿女儿活得生猛而自由 ... 246

08　为什么我劝你"和谁都不争，和谁争都不屑" ... 252

Chapter 7 内养提案
是珠玉就打磨，是瓦砾就快乐

受黏稠思维支配的人，想事情黏黏糊糊，做事情拖拖拉拉，人与人之间黏到没有清晰的边界感，事与事之间稠到无法就事论事。

我们需要边消耗边恢复，见缝插针、不择手段地休息，不要让自己全部放电完毕，再回家一次性地充电。

01 你要休假，不要"假休" ... 260

02 职场人士下班后再休息就晚了 ... 266

03 精时力管理，以"能量守恒原则"过一天 ... 272

04 低内耗的公式，让人生轻装上阵 ... 279

05 每天一个降低内耗、甜宠自己的小技巧 ... 284

06 做人开心的底层逻辑是做事专心 ... 292

07 为什么有些人 20 多岁时平平无奇，
　　30 多岁却熠熠生辉 ... 298

08 成年人的内耗，是从"黏稠思维"开始的 ... 303

09 所谓"活得通透"，就是叫醒不肯清醒的自己 ... 311

Chapter 1

情绪提案
你要高薪,更要高兴

30 岁以后,我把"高兴"视为更高的修行。最重要的是认真关照自己的生活。让自己成为高兴的供应商,不把太多妄念倾注于他人身上。

想对自己好,就减少情绪雷点,提高情绪免疫力。别人一个眼神、一句话、一个动作就惹到你,你未免也太好惹了。

01

明知生气对身体不好，为什么还是忍不住

任何人都会生气，这很简单，但选择正确的对象，把握正确的程度，在正确的时间，出于正确的目的，通过正确的生气方式，这却不简单。

有一次，我生了至今难忘的超大闷气，情绪"宿醉"很久。

生闷气，是一个人双手交替猛扇自己巴掌，是自己一个人蹲在墙角搞爆破。

当时我快把自己气出个好歹来，感觉自己濒临休克，需要有人掐人中，有人按内关，有人拍胸脯。

冷静一想，谁都不欠我，而我生那么大的气，我最亏欠自己。

那段时间，郝万山医生的《不生气就不生病》成了我的枕边书。开篇就把我点醒：随着人类文明的进步，物质生活的富足，预防医学的发展，外因得到了有效防范，唯独情绪过激和负性情绪持久，成为威胁健康的最主要因素。

书里空姐问医生，一个人不管遇到什么事情，都不能生气吗？他引用亚里士多德说过的话，任何人都会生气，这很简单，但选择正确的对象，把握正确的程度，在正确的时间，出于正确的目的，通过正确的生气方式，这却不简单。

这哪里是生气，是运用理性和智慧，策略性地处理棘手问题，是不伤害自己又能吓唬别人的手段。

从医生的角度来看，任何一种情绪波动，都会使内脏、肌肉、血管、内分泌等参数发生变化。比如，害羞激动会脸色发红，恐惧害怕会脸色苍白，暴怒狂怒会脸色铁青，紧张焦虑就额头冒汗，突遇惊恐会毛骨悚然……情绪变化导致血管、肌肉的改变，从而使生理平衡状态发生偏离，需要人体付出更多能量，耗费更多调节机能，使其恢复平静。

很多时候，原本有较好修养，平时能妥善控制情绪的人，却出人意料地生气动怒，事后连自己都感到莫名其妙，为什么自己会如此失态？

人在疲劳、饥饿、生病、亚健康时，特别容易生气。疲劳让正气受损，能量消耗过头。生病时，身体内部会出现能量布局的调整，肝气郁结或肝阳上亢的人，脾气易燃易爆，别人点火就着，没人点火也能自燃。

控制情绪，不仅是修养问题、认识问题、心理问题，还是健康问题。

把我们人体的气该升的升，该降的降，该出的出，该入的入，使其尽量流畅无阻。

把自己想出问题的人，基本都是聪明人，但从健康角度来说，却是聪明反被聪明误。

2020年，我发过一条微博："人哪，哪怕你生错家庭，嫁错人，生错孩子，都尽力保持对的生活方式，好好爱自己，替本来该爱自己的爸妈、对象和孩子，好好爱自己。"

2020年的想法，已经配不上2021年的我了。**好好爱自己，不只是对的生活方式，更是对的情绪模式。**

开导别人的话谁都会说，一到自己这儿就派不上用场。"生气不如争气。""生气，就好像自己喝毒药，而指望别人痛苦。""对别人生气1分钟，就失去了人生中60秒的快乐。""你若是对的，没必要生气；你若是错的，没资格生气。"比金句储备，根本不怕。

归纳我每次生气的最大公约数，如果以下因素中有三个叠加，足以让我的情绪爆出一朵蘑菇云。

饥饿：人在饥饿时血糖会偏低，人体的自调节机能，会根据血糖含量的高低来预测自己还能活多久，肚子饿时大脑的第一反应，是如何获得足够的能量，别指望对复杂事情做出明确的决策判断。对我来说，最重要的事，就是到点吃饭。

激素：我几乎每次生气之后，一看日历，日期接近了，会有种"原来如此"的恍然大悟感。不要对这种看不见的内在力量不以为意，女性犯罪率与生理期关系的调查显示：女性暴力犯罪活动多发于月经期七天左右，女司机在月经期间出车祸的概率大于非月经期。

先抑后扬：我凡事跟自己叫嚣着"改变别人，不如改变自己"，很多别人做的让我不爽的事,就自行消化。我让我的小闷气压抑着,积少成多,聚沙成塔,水滴石穿,等我月经前后某天饿急眼时,统一来把大的情绪爆发。

气生气:我老公惹我生气后,如果问我一句"至于吗",我更要气到爆炸。我心想:你现在要做的不是质疑我生气的程度,而是想办法弥补自己的过失,好吗?曾听过一句话:"只要不因愤怒而夸大事态,就没有什么事情值得生气的了。"

生气的结果是生戏,越想会越入戏,越来越生气,人家是钱生钱,多赚;你是气生气,多亏。

身体问题之外,心理最大的问题归结为未被满足的撒娇欲,会妨碍自己的内在稳定。

生气不是一无是处,甚至有时需要生气。《冰果》里千反田爱瑠说过:"如果对什么事都不生气,大概也就没法喜欢上任何事物了吧。"

而且生气有时候意味着幸福,有人在乎你时,你生气才是生气;没人在乎你时,你生气是给自己找罪受。我跟谁生气多,说明谁比较在乎我。再说,生气和失望不一样。生气需要哄,失望是做什么都多余。

对触碰底线的事情更要生气,如《房思琪的初恋乐园》里说:"忍耐不是美德,把忍耐当成美德是这个伪善的世界维持它扭曲的秩序的方式,生气才是美德。"人需要生气,更要会生气。

把自己当成情绪的导管,而不要当成情绪的容器,不要一直憋着、忍着、淤积着,女孩子忍一时卵巢囊肿,一直忍乳腺增生。

人到一定岁数，生不生气，程度如何，可能不是担心别人怎么看，而是害怕身体怎么样。到底怎么才能少生气？

对别人：修筑自己的边界感，猜你、懂你不是别人应有的悟性和应尽的义务，试着让自己容易被理解。心平气和地说出自己的诉求，用高情商来表达，别人听着悦耳，自己也舒服。不是所有时候都要靠忍耐去体现自己的大度，产生愤怒很正常，虽然适当地忍受是必要的修行，但有时候哪怕消化完毕，也要真诚地告诉惹怒你的人：你这样会令我生气。

对自己：别饿着，别困着，别累着，让自己的身体处于健康舒服的状态，身体是情绪的培养皿，身体不舒服，情绪也会难受。促进肝胆气机的发展，三焦代谢，促进气血通畅，代谢通达，平复情绪。微醺感，会让人快乐，但酒精对身体不太好；玫瑰花，能疏肝解郁，但喝多我后背易长痘。

总之，最大的爱自己，就是少生气，会生气。

02

未被满足的撒娇欲,让你持续性心塞,间歇性崩溃

撒娇本质上是一种被允许的笃定,是一种被偏爱的自信,是一种安全感的体现,它对心理、环境、原生家庭、伴侣、朋友有很高的要求。

有了孩子以后,我爸妈和公婆轮流来帮我们带孩子,我发现爸妈在或公婆在,我有一点感受最明显。爸妈在身边,我尘封已久的撒娇欲就会苏醒。

我上班做完工作,就盼着回家。在家里,我的话变得密集又软糯:"爸,我的肚子好饿好饿呀!""妈,我这歌唱得好不好听呀?"

有一次,我爸给我女儿喂饭,发现碗里有一小块西红柿皮,他就甩到我碗里。我添油加醋地向我妈撒娇:"妈,你看我爸,那么温柔地把西红柿喂进外孙女嘴里,那么粗暴地把西红柿皮甩进我的碗里。"我爸解释说:"小孩子消化不了西红柿皮,想夹到你碗里,但

粘在筷子上，就甩了一下。"我妈笑着对我爸说："要记得我们家里除了有个小宝宝，还有一个大宝宝。"

另一次，女儿一天都没排便，我爸心心念念地说了几次，回忆孩子的每顿饮食是否营养均衡。我又向我妈撒娇："妈，你看我爸，外孙女几小时没排便，他记得一清二楚，我要是一天两天没排便，他都不会放在心上。"我爸哭笑不得地反问我："孩子多大，你多大？"我脱口而出："我年纪再大，也是你们的孩子。"我妈又笑着对我爸说："注意了，我们女儿跟外孙女在争宠呢！"

感谢我爸妈，满足了我的撒娇欲，撒完娇后通体舒畅，日子都过得发亮光。

有句话叫"撒娇女人最好命"。自诩独立女性的我，以前对这句话嗤之以鼻，我信奉又忙又美的人好命，自律自控的人好命。我认定的好命，是一种对自己人生有较为充分的控股权。

如果身边女性，被我看出有目的性地撒娇，违心地撒娇，利用性别特质撒娇，我会在心里翻个白眼：至于吗？有撒娇让别人为你做事的工夫，自己早就做好了。自己有手有脚的，有什么事情做不了。

在我好手好脚时，当然可以，可是，当我状态没那么好时，我会看人不顺眼，看不惯别人闲着，会迁怒别人，说话阴阳怪气，脾气易燃易爆。

我喜欢的一位日本心理学家说过一句话："未被满足的撒娇欲，会影响一个人的内心稳态。"这句话戳中了我的痛处，因为太痛，所以我嘴硬不肯承认,仿佛要更拼命地向加藤谛三证明,你说的至少不全面,我不爱撒娇,也过得挺好。

在工作中,我喜欢自己雷厉风行、手脚麻利的状态,不爱找借口,去和领导说明自己的难处,也是带着量化后的数据去的,多高效。

在生活中,曾经的独居经历化身宝贵财富,我能自己搬家,自己做饭,生病了把药放在伸手能够到的地方,病好了再告诉父母,不让他们隔着距离担心我,多懂事。

在感情中,虽然我也会让对方帮我拎下东西、拧下瓶盖,但对于一些情感诉求,希望对方开启天眼,自动领会。我在星座影响下,习惯心热面冷,正话反说,是典型的天蝎座。

其实,一个人不管外表看着多么成熟、理性、腹黑、霸道、犀利、强势,但内心深处的撒娇欲持续无法满足,无处宣泄,心情是会出大乱子的。

女儿的到来,让我正视撒娇和撒娇欲。做妈妈以后,我喜欢看女儿跟我撒娇:扬起小脑袋,嘟着小嘴巴,皱着小鼻子,眯着小眼睛,伸开小手臂。哎哟,我的心都被融化了。她说要抱抱,我就抱抱;她要拉着我往哪儿走,我就往哪儿走。

我经常观察她,她会对身边人有不同程度的撒娇情况,由此我怀疑,撒娇应该是人的本能。当她确认到父母亲人的关注和疼爱,她的小需求,大人会宠爱有加地、拿她没办法地满足时,她会肆无忌惮地撒娇卖萌。

说实话，我希望女儿长大以后，既能独立坚强，又能自然撒娇。因为撒娇本质上是一种被允许的笃定，是一种被偏爱的自信，是一种安全感的体现，它对心理、环境、原生家庭、伴侣、朋友有很高的要求。通常情况下，我们只有在内心强大且自信时，面对让自己觉得舒服的环境和安全的人，才会自然撒娇。不是为了获得切实利益，只是想收获温暖的色调。

而我们中的大多数，越长大，越远离了撒娇这项本能。可能是你跟父母撒娇"觉得自己还是小孩子"，父母回复"你的同龄人都生小孩了"；可能是你跟男朋友撒娇"宝宝被领导骂了"，男朋友回复"我来帮你分析分析"。

很多人是在向错误的对象展示过自己的柔弱后，二话不说学会坚强。成年人已经成熟到忘了怎么撒娇，觉得撒娇本身就很别扭，撒娇的话说不出口，撒娇后别人觉得我又弱又作，于是刻意压抑内心的撒娇欲。

然后情绪憋一把大的，憋住了，可能化成身体里不同部位的结节和囊肿；憋不住了，一件不值一提的小事可能就会引发一场令双方大动干戈且两败俱伤的战争。

如果你的小柔弱、小童真、小委屈、小不爽，能从"撒娇"的温和出口释放，不仅自己爽了，身边人也会很舒适。

在讲撒娇教程之前，有些错题集，需要让大家看看。

过度撒娇，像个没有自理能力的"巨婴"，让对方不断付出。卑微地撒娇，没有主心骨，希望取悦对方，实则是关系绑架。

有时是场合不对，对方心情好的时候"作"就是撒娇，心情不好的时候撒娇就是"作"。

有时是方式不对，显得矫揉造作，显得无理取闹，显得像"恃靓行凶"，显得你弱你有理。

对于撒娇，我有三点心得。

一、不要只把娇撒在心里，要撒在嘴上

我觉得谈恋爱的快感之一，就是能找到一个满足你撒娇欲的人。

女生来"大姨妈"了，工作一天好累，最近压力大到想辞职，跟男朋友诉说。比起听到男朋友说"我给你弄热水袋""多喝热水""早点睡觉"，她更希望男生满足她的撒娇欲。女生未必是在提需求，她是在撒娇，希望你在意她、理解她、关心她、安慰她。男生能自发地满足女生的撒娇欲当然最好，但现实中往往不尽如人意，这时候女生要把娇撒出口。

不管你前面的内容是抱怨，是诉苦，是牢骚，结尾加一句要抱抱、要亲亲即可。如果对方实在想教你做人或极端不解风情，直接说需求：什么都别说，我只要××。练习把娇撒出口，是对自己、对对方、对关系的深度自信。

二、撒娇的方式很多，除了肉麻，还能幽默

我曾在网上看到别人的撒娇攻略：撒娇前，先让自己心情变好，营造轻松舒适的氛围，降低对方的防御。撒娇时，看着对方的眼睛，用眼神传递心意，并在心里发射对方会答应你或原谅你的意念。表情委屈一点，眼神无辜一点，说话嗲一点，多用语气助词和叠词。

这对我来说太难了，凡是要这样撒娇能解决的问题，我都解决不了。我是心里想说"哥哥"，嘴里就蹦出"大哥"二字的豪迈派。

我在豆瓣上看到一个姑娘的幽默撒娇法：拿个叉子顶着自己的脖子，"快点喂我一口，不然我又死我自己"。撒娇的方式千百种，有肉麻的，也有搞笑的，各取所需。

三、对方无法对口地满足自己的撒娇欲，怎么办

我在厨房扭到脚，我老公会去确认"地不滑啊"。我心里掀桌，我管地滑不滑，我想要的反馈是"你疼不疼"。

我跟他讲小时候滑旱冰摔倒了，手掌摔裂了，他说："好厉害。"我心里再次掀桌，我想要的反馈是"好心疼"。

我说我要公主抱，他说："我的小腿没你粗，抱你站不稳。"我心里掀一万次桌，我发一个撒娇球，被扣杀过来一个人身攻击的球。

我一句一句地教他，什么是我实际听到的，什么是我想要听到的，人家嘿嘿一笑，觉得自己聪明又机智。次数多了，我也不再强迫他满足我撒娇欲的具体方案，但我也不会失去向他撒娇的欲望。

哪怕撒娇的反馈和我的预期相悖，我想要深情的，反馈可能是搞笑的、无厘头的、不解风情的，都比"持续性心塞、间歇性崩溃"的恶性循环好太多。而且坚持撒娇，得手的概率会越来越高。

幸福的感觉，无非就是自己的撒娇欲能满足，自己也会满足别人的撒娇欲。

03

你要高薪，更要高兴

30 岁以后，我把"高兴"视为更高的修行。最重要的是认真关照自己的生活。让自己成为高兴的供应商，不把太多妄念倾注于他人身上。

    有一天闲来无事，翻看过去的日记。其中一页，首行居中处，问了自己一个问题："为什么现在我比以前赚了更多钱，但好像没有比以前更开心？"

    是不是觉得赚钱太累了？有点。工作、写作和休闲之间，越来越失去界限。看部新电影、新剧，去趟情绪发泄馆、零重力空间，事先打算捕获写作素材，体验时顿感索然无味。

    是不是觉得心理不平衡？有点。为什么别人看视频、玩游戏时，自己需要看书写作？为什么别人下班就可以躺平放松，自己还要开启另一份工作？

    是不是担心有一天会失去？有点。努力有回报，已经很幸运。

而我这几年运气超好。从小喜欢看书写字的我，捡到时代小礼包，工作多年的收入，不如写作几年。我这只被风吹起暂离地面的小猪，内心和消费日渐膨胀。也可能将来有一天风停了、逆风了，心理上面对由高到低的落差，消费上也面对从奢入俭的退步，看着自己起高楼，宴宾客，楼塌了。

我给自己一个旁观者清的视角，扪心自问三个问题，如果把赚钱看成努力的副产品：

1. 努力的目标，是为自我实现，还是为别人而牺牲？

当然是为自己。一切为了自己，还有什么怨言。

2. 努力的过程，世上存不存在更轻松高效的方式？

当然是存在的。时间花在方法优化上，比花在情绪劳动上更有价值。

3. 努力的结果，是收获了作用，还是收获了副作用？

目测是副作用。忙活半天，想要的成就感、价值感和安全感没达标，不想要的疲惫感、付出感和焦虑感却超标。

内心的困惑，随着这三个问题的思索，变得豁然开朗。最后我在笔记本上写下一句：祝自己能获得高薪，更能获得高兴。我要不疾不徐地实现对自己的祝福。

高薪和高兴，标的物和参照物因人而异。有人月入过万就载歌载舞，有人年薪百万还觉得强中自有强中手。就算是同一个人，每阶段的权重和基准也有差别。

我在心中画出了一个四象限，横轴是心情，纵轴是薪水。

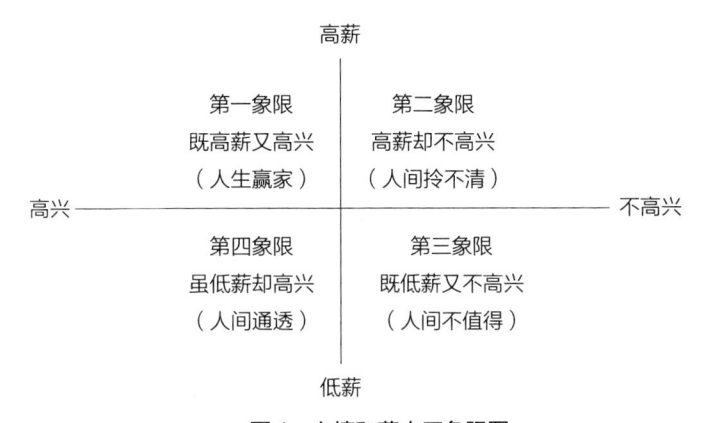

```
                高薪
                 │
    第一象限     │    第二象限
    既高薪又高兴  │   高薪却不高兴
    （人生赢家） │   （人间拎不清）
高兴 ─────────────┼───────────── 不高兴
    第四象限     │    第三象限
    虽低薪却高兴  │   既低薪又不高兴
    （人间通透） │   （人间不值得）
                 │
                低薪
```

图1　心情和薪水四象限图

第一象限，**既高薪又高兴**。他们是"人生赢家"，有能力也有境界。

第二象限，**高薪却不高兴**。他们在我眼里是"人间拎不清"，赚钱方面有能力，但智慧却没有延伸到其他方面。没钱时认为赚钱让人开心，赚到钱后，在心情金字塔最底层，再往下挖两米，依然没有他们的名字。没有搞清挣钱的意义，为了赚钱透支健康，赚到钱后自我膨胀。总遗憾所失，不感恩所得。不图超越自己，只为超越别人。为了钱做违心的事，为了利做拧巴的事，计较太多，真心太少。

第三象限，**既低薪又不高兴**。心比天高，命比纸薄，坚信贫困夫妻百事哀，举着放大镜观察人性的弱点。人生任何一件不满意的事，工作不好，是社会不公，感情不牢，是对象拜金，关系不顺，是别人犯错。笨鸟却不飞，知耻不后勇，把人生过成"人间不值得"的下下签。

第四象限，**虽低薪却高兴**。能力一般，但境界超群，活出"君子役物，小人役于物"和"不以物喜，不以己悲"的范儿。在限制的条件下，活出有意义、有意思的自己。他们不会把自己的人生看成车牌号，限号就不开了。他们是我眼中的"人间通透"，会苦中作乐，自娱自乐。对"财务自由"也有另一番有趣且乐观的解释：想不买什么，就不买什么。

我根据目前的价值观，给这四个象限排出高低。**既高薪又高兴＞虽低薪却高兴＞高薪却不高兴＞既低薪又不高兴**。

TVB电视剧有句经典口头禅：做人嘛，最重要的就是开心。可是，做人有多难，开心就有多难。

当我20多岁时，把高薪看得更重。加缪说："人没有钱不可能快乐。就是这样。"高薪是有钱的子集之一，高薪是通过工作获得正当的高收入。

顶级的高薪，是优化改善整个社会的运行方式。高级的高薪，是在风口来临前准备好所需能力。标准的高薪，是紧随上升期的行业和公司成长。

顶级高薪，不可望也不可即。高级高薪，可望而不可即。比如，在互联网风口来临前，有人把有洞见的内容观点、有魅力的外在条件、有特点的表达方式准备就绪。风口来了，卡点准确，成为新贵。标准高薪，可望也可即。在一家公司，外环境和内环境都不错，自己也足够争气和幸运。在我所工作过的公司，高薪人士普遍把自己的专业能力和业务水准，磨炼到"一人之下百人之上"的稀缺级别。做销售的对市场了如指掌，对心理颇有心得，对话术钻研有道。搞执行的对资源调度熟练，对工具得心应手，对领导见微知著。

我觉得一个人认真工作，真诚对人，多做工作复盘，优化工作方式，擅长管理自己的健康、时间和精力，用 PDCA 工作法，即 Plan（计划）、Do（执行）、Check（检查）和 Action（处理），一轮又一轮地改善工作，做长期主义的学习者和践行者，很难不脱颖而出。

《金钱心理学》的作者研究金钱与幸福的关系，提出两者的相关性约为 0.25。在 0.25 之前，金钱和幸福是正比关系；在 0.25 之后，就基本上没有太多关系，这是金钱的边际效应递减。

当你满足基本物资，薪水越来越高后，我觉得不能持续大赚大花，停下来研究一下精神和心情，绝对有必要。如果你只有"高薪和高兴成正比"这种单一思维，你就必须持续赚钱，来不及感受幸福。环顾四周，发现比你高薪的人比你还拼，你还能高兴吗？机会转瞬即逝，红利过时不候，你能不焦虑吗？在我们本应该感到高兴的时候，隐隐觉得不该高兴，不配高兴，应该感到愧疚，应该再接再厉。通不了关的鬼打墙游戏真惊悚。

在我看来，高兴是比高薪更困难、更重要的课题。

哪怕杨绛说："你的问题主要在于读书不多，而想得太多。"可是当我看了很多书，我还是会不高兴。哪怕林语堂说："眼光放远一点，你就不伤心了。"可是我在难过的当下，哪怕知道几个月后我就不记得，我还是会不高兴。哪怕路遥说："人活一生，值得爱的东西很多，不要因为一个方面不满意，就灰心。"可我哪怕赶着去办个手续,办事部门关门了,我何止不高兴,我还想仰天长啸,踢路边的石阶也不解气。

30岁以后,我把"高兴"视为更高的修行。最重要的是认真关照自己的生活。让自己成为高兴的供应商,不把太多妄念倾注于他人身上。关注自己每天的能量守恒,如果白天过得不容易,那么晚上就给自己制造甜蜜。在日常生活中积累无数可持续的小确幸,才有可能得到人生的大幸福。有了一点小成绩,就奖励一下自己,自律过后,及时行乐。正如好利来的老板罗红,早年有摄影梦,当企业小有成绩时,舍得花时间和金钱,走访世界美好的地方。

不要比来比去,不要这也看不惯,那也见不得,横竖不顺眼,累的不是眼,是心。

无聊时提醒自己看书,焦虑时提醒自己正念,生气时提醒自己锻炼,有落差时提醒自己看淡。平日里有正心正举,迷茫时能拨迷见智。

总之,有心有力时,钱能多挣,还是多挣。但钱挣多挣少,都不要赔上好心情。发展是硬道理,快乐更是硬道理。

04
"你气我,但气不到我"是低内耗的标配

想对自己好,就减少情绪雷点,提高情绪免疫力。别人一个眼神、一句话、一个动作就惹到你,你未免也太好惹了。

我的读者群里,有一天一位读者提问:"有个同事坐在我身边,天天叹气,我被弄得心情烦躁。容易被外界和别人影响自己的情绪,无法专注到自己的事务上,有什么解决办法吗?"

先分享我的口头禅之一:低内耗的人都有"你气我,但气不到我"的天赋。

在我眼中,我们人类既是计算机,又是程序员。

环境干扰我们,别人打扰我们,我们被分心、不高兴、会生气,这是我们作为计算机的部分。但有时需要召唤出程序员的部分,脱离计算机的自动程序,开始自我编程。

过去丰富的经验告诉我，如果我顺流而下，那么我就给自己准备好了一个心情差、颜值低、怨念重的自己。于是，被人影响了情绪，我就使用独门秘籍，分为**短期打捞术**和**长期建设法**。

短期打捞术包括：

一、**识别身心舒畅程度。**

二、**分析影响者的权重。**

三、**编排紧急重要事项。**

四、**让消极想法积极化。**

每次别人惹我不开心，我总结后发现，当我身体不舒服，心情不舒畅，没有什么事要做时，近乎处于等坏情绪来敲门的内耗状态。

一个无关紧要的人的一个无关紧要的言行，都会轻易把我惹怒。与其说我被别人影响了情绪，不如说我本身就处于难以名状、易燃易爆的负面情绪中，万事俱备，只等导火索来把我点炸。

我记得刚出月子时，我和月嫂带孩子去打疫苗。

疫情期间，只能由我一个人带孩子扫码进屋，打完出来后，月嫂接过孩子，看着孩子衣冠不整，她嘴里说了一句"怎么当妈的"。

当时我心里蹿起一把火，但修养不允许我发出来。

回家趁孩子睡着，我拿出笔记本，先发泄，再分析。

身心舒畅度：我生完孩子，身体欠佳，百废待兴，作为新手妈妈，抱娃姿势不熟练。第一次带孩子打疫苗，流程不熟，情绪紧张，手忙脚乱，孩子打针时大哭，我既心疼又无助，她当众久哭不停，也让我有点烦躁。

影响者权重：我们不打算与该月嫂续约，所以到期后，基本不复相见，对于一个准陌生人，她的话再不中听，我也不必在情绪上大动干戈。

编排要做的正经事：夜里没睡好，我需要好好休息；公众号需要更新，我需要修改文章；抱娃姿势不熟练，尽量向月嫂请教。

消极想法积极化：我花钱请月嫂，是买服务，不是买罪受。既然这件事让我又花钱，又郁闷，浪费时间，耽误自己，我必须从中捞些好处。

比如，把这件事储备到文章素材库，并且总结不轻易被人影响的情绪模型，让自己长期受用。

通过分析，我意识到，我身心不舒服，情绪免疫力低，如果我为导火索置气，身心会加倍不舒服。

既然有时间生气，就说明有时间给自己找事做，紧急的、重要的、愉悦的，让自己有正事可做，给情绪找个遮风避雨的落脚点。

如此这般，我扭转了情绪惯性，没让它顺势滑到悬崖之下，而把自己逆向打捞起来。心情变废为宝，时间价值连城。

等我从正事的结界中走出来，如有时间，如有必要，我想为情绪笃定的自己，做点长期建设。

一、减少情绪雷点

"我受不了别人发出啧啧啧的声音""我听到别人发长音'唉'就很烦""同桌的人吃饭吧唧嘴我就没食欲""我们天蝎座受不了别

人在背后说自己的坏话"……

这些是我以前常见的心理活动，随着大学住校、结婚，和一个人甚至一家人相处，这些心理活动越来越少。

因为大家或长或短地共同使用一个空间，谁雷点又低又密，谁就是自找不快。

生气的直接受害者是自己，你的乳腺比灵魂伴侣和大数据更懂你，何时何地生多大的气，逐一详细记录下来。而且很多次，你自己辛辛苦苦气半天，别人可能压根儿没发现，不在乎，不改正。

自己情绪不好，既没有功劳，也没有苦劳。

想对自己好，就减少情绪雷点，提高情绪免疫力。别人一个眼神、一句话、一个动作就惹到你，你未免也太好惹了。

做人能活在桃花源里，就千万不要活在裤衩里——别人放什么屁，都得无条件兜着，敢问凭什么？

二、推进阶段目标

我的第二份工作，每个季度，部门成员要在网上测评自己和别人的表现，得分关系到季度奖金。这让我相对在乎别人的评价。

我养成把工作一次性做好做对，不给上下游的同事添麻烦，见面热情与人打招呼，提升效率后多帮助同事，带新人提前备课，讲业务态度和善等习惯。

这套组合拳打下来，我的人缘不错，评分高，奖金也高。

直到有个同事把我的额外付出当成理所应当，我意识到"照顾对方感受"从来不是我应尽的义务。

于是,"分水岭"来了。

我把多余的精力放在准备更喜欢的工作上,之后跳槽成功,在第三份工作再次抵达"分水岭"后,开始业余写作。

"分水岭"前,倍速积累岗位的应知应会和必杀技能。"分水岭"后,拓展新圈子、新技能、新爱好。

把精力放在别人身上,会酸;把精力放在自己身上,才爽。

凡事有利有弊,在乎别人的情绪和评价也是,利的部分笑纳,弊的部分拒收。而持续一阵关心别人的状态,说明你新的人生目标该推进了。

不做别人的判断题,要做自己的选择题。你对别人判断对了,对自己的人生也不加分。

三、钝化不良感受

钝感的人看到一个点,敏感的人看到一条线。

一个敏感的新手妈妈看到孩子到了该爬的月龄,还不太会爬,就添油加醋地"线性填充":因为孩子爬得慢,所以大运动不好,所以大脑发育有问题,结论是孩子这一生全完了。

方方面面以小见大地做悲观的"线性填充",像在图像处理软件里选取一个真实色块,背景全是自行填充,然后把照片处理得以假乱真,成功地自己吓坏自己。

钝感人的基本修养是以事实为基础,遇到事情两条线考虑。明确哪些是事实,哪些是事实推演出来的想法。

考虑方向,一条线是自己的问题,不过多延伸,而是自问怎样改进（为了自己的优秀和舒服而改进，而不是为了别人）。另一条线是别人的问题，不在自己的管辖范围，要做的是迅速忘却不快。

四、进入情绪桃花源

我记得一位日本女小说家，她说老公时常唠叨，惹她心情不好，她会哄乖老公，然后自己写作。

年轻时看到很气愤，长大后明白，女作家有人生阶段性目标。

把时间用来吵架争对错有何用，老公就算不能成为神助攻，也不能成为拖油瓶，赶紧让老公一键静音，才能天马行空地创作。

长期有愿景，近期有目标，当下有事做。

被人影响时，把计算机模式切换成程序员模式，写一小串代码，敲下回车键。

你只需要熬过前3分钟，做几个深呼吸，想点让自己心情好的事，刻意集中精力，有意识地将周围处理成白噪声，基本都能自然而然地沉浸到事情中，感受不到时间的流逝，更不关心别人在干什么、说什么。

我有想看到的好山好水好风光，我有想听到的好歌好曲好乐章。

有人气我时，我才不轻易被气到，我需要选择性耳聋，选择性眼瞎。

风生水起，全靠自己。

05

维持低内耗，需要什么思维工具

人越长大，身份越多，关系越交叉，主动或被动的加法越做越多，只能倒逼自己一遍遍做优先级排序，让自己的时间不要被人际纠葛和情感困扰这类泡沫挤占。

在我心里有一个公式：内耗 = 纠结 + 拧巴 + 想太多 + 想不开 + 玻璃心 + 不甘心 + 负面情绪 + 钻牛角尖……

等式右边的任何一个因素被我识别到，会触发我匹配四个常用表格，让我对号入座，维持低内耗。

第一个表：具体事情，具体分析。

时尚主编敬静曾说："不要为宏观命题而困扰。"其实，这个认知我也有，但是她举的例子，结结实实地启发了我一把。

她说，女人不要问自己"孩子重要，还是工作重要"这类涉及价值观的重大问题，这种问题几乎与具体生活无关。

如果面对孩子发烧但我们要出差的两难选择，可以在脑海中画出表格：孩子发烧分为三档，一是发烧到昏厥，二是正常发烧感冒，三是只有一点发烧。出差也分为三档，一是非常重要的差，二是正常的差，三是可出可不出的差。

孩子发烧	我要出差
①发烧到昏厥	①非常重要的差
②正常发烧感冒	②正常的差
③只有一点发烧	③可出可不出的差

当这几种情况摆在面前，就容易判断了，最糟的就是两个第一种情况同时发生，那更不可能纠结，孩子生命重要。

我们每个人一次只能做一件事，一定要去做一个时间点里，你认为最重要的具体的事。在现实生活中，我们面对的都是具体的事情，等到具体的事情出现时，再做分析，可以事先搭建框架，但是框架梳理好、搭建好，摆在那里，不要多管，不要渲染自己的难处，不要让自己提前焦虑，不要为宏观事情提前发愁，生活很复杂，随具体情况而变。

第二个表：引入概率，别想太多。

我曾经参加工作上的一个业务研讨会，某位专家分析风险时，我看到他的 PPT（演示文稿）上出现了一张表格。

事件可能性	事件严重性		
	灾难级别	困难级别	轻微级别
经常出现	高风险	高风险	中风险
偶尔出现	高风险	中风险	低风险
极少出现	中风险	低风险	低风险

他给风险评级的方法，兼顾事件严重性和可能性，这类思考方法，对我工作上有帮助，在工作外也有益处。在我们的生活中，很多不希望发生的事情，发生频率分为经常出现、偶尔出现、极少出现，事情的影响分为灾难级别、困难级别、轻微级别。

很多人经常存在想太多、想太糟的情况。

之前我因为没人带娃崩溃过，求助同事，同事说请个育婴嫂，我说不放心只有育婴嫂和孩子单独在家。同事说，涉及孩子，常会关心则乱，但社会新闻之所以成为新闻，就说明罕见。于是我把严重性和可能性结合起来，觉得风险并不高。

我找了熟人用过觉得放心的阿姨，知根知底，这位阿姨把熟人家的老大带到 3 岁，老二出生后又继续带，再加上我的严格考察，在家安装摄像头，那个阶段，有位专业有爱的育婴嫂帮助我，得心应手多了。

很多选择都是有利有弊，如果一直在弊里钻牛角尖，甚至当作已发生，会让自己身心备受摧残。风险评级表就大有所为，它会提醒你，哪怕你把一件事想象得非常严重，但紧随其后的是，结合事情发生的频率来看。

第三个表：要做加法，必做减法。

有一天听到樊登老师说，人之所以会患得患失，就是觉得人生存在一个最优解，但是以他的经历来讲，他觉得与其纠结什么是最优解，不如做好当下该做好的事。

但我觉得自己不具备这样的大智慧，如果有两个都想做的事，我不会逼自己选择其一，而会两个都要。

一是自信于自己的时间管理能力，我中学时已经边上学边写小说；二是不自信于自己的运气，学生时代的选择题，四个选项，排除掉两个错误选项，在剩下的两个可能选项中，我基本都蒙不对。

所以我更青睐做加法，列出要增加的事项，也必须明确要删减的事项。

	+	−
	+	−
我想要的梦想和状态 =	+	−
	+	−
	……	……

初中时写小说，导致成绩退步，父母希望我专心学习，我跟父母谈判，如果我要继续写小说，成绩要保证在多少名之内？父母说前十名，然后我就两手都抓，确实有点累，但哪头都不想放弃。

我就琢磨哪些事情是可以减掉的，于是减少和不太喜欢的同学相处，缩短看电视的时间。初一初二，我维持着成绩在前十名内写小说的习惯，直到备战中考，这让我的青春没留遗憾，成绩不错，写得尽兴，也减少了不必要的精力耗泄。

毕业后，等工作上手，又捡起写作，直到把写作变成我的另一个小事业。我始终觉得，人不可能做 2 份工作，最多就是 1.5 份。差额 0.5，就是在 2 份所谓工作中节能降耗。

我现在上班赶紧把任务完成得漂亮，下班后完全不会困扰于同事关系，把自己的精力集中在"事"上，而不是"情"上，业务精通、沟通专业就好，不对晋升抱有什么执念。

我在上一份工作中，和部门的同事成为好朋友，后来又因为利益分配产生隔阂，最后关系闹僵，友谊破碎让我伤心，还让我一度产生"以后不要和同部门的同事成为好朋友"的念头。

现在我在工作中不会代入过多情感，仿佛一个处理工作和困难的机器。写作大大稀释了我只能在单一赛道里竞争的局面，让我豁然开朗之下，反而更欣赏同事，与同事关系更好。

现在好像终于到了运气好不好，也不太影响我人生大盘的地步。**人越长大，身份越多，关系越交叉，主动或被动的加法越做越多，只能倒逼自己一遍遍做优先级排序，让自己的时间不要被人际纠葛和情感困扰这类泡沫挤占。**

我不是超人，不能身兼数职，无法三头六臂，只能做重要的或喜欢的或有价值的事，其他的要么外包，要么放弃。有时候，把自己当成容器来看待，事项不能无限填充于自身，还要休息、娱乐，和家人相处。

第四个表：课题分离，分清界限。

课题分离理论是心理学家阿德勒提出的处理人际关系的方式，当我们面对一件事情时，要分清楚这是谁的责任，谁的课题，自己做好自己的课题即可，别人的课题就不劳自己费心了。

举个例子，写了一篇文章，想发到网上，看了别人发表的文章，又觉得自己写得不够好，发还是不发？借给别人一笔钱，自己需要用钱时，想催别人还，又觉得不好意思，催还是不催？

学会课题分离，分清界限后，就不会有那么多的内耗。

符合网络公约就可以发表文章，真诚地把文章写到目前能力和认知的上限，这是自己的课题；至于别人的文章写得怎样，网友如何评价，这是对方的课题。

欠债还钱，有借有还，你需不需要这笔钱，你要拿钱做什么事，怎么催别人还钱，是你的课题，至于对方还不还，有什么难处，不能按时还怎么办，这是别人的课题。

如果我因害怕被拒绝、被评价而举棋不定、备受煎熬、思前想后，纯属我企图干涉别人的"课题"的咎由自取。

遇到事情，不随意干涉他人课题，这属于"关我什么事"的事，也不被他人干涉自己的课题，这属于"关别人什么事"的事。有人在网络新闻里，一旦当事人没按自己的意愿选择，感觉都能把自己气出个好歹来，而自己在现实生活中约个网约车，车里重低音歌曲让自己心脏不舒服都不好意思跟司机好好说一声。课题分析很重要，尽管很多事情很难分离，但有了这个意识就是轻盈人生的开始。

我对别人只有微弱的影响力，没有处决权，我能说自己想说的话，我能做自己想做的事，我能拒绝自己不想做的事，这些都是我的人生课题；别人怎么说我，怎么看我，怎么对我，是别人的课题。我有做自己的权利，也有被拒绝的可能和被讨厌的勇气。

我的课题 （尽量做好）	别人的课题 （尽量忽略）
我感到…… 我说…… 我做……	别人可能感到不解 / 共鸣 别人可能认同 / 反对 别人可能表扬 / 批评
以上不关别人的事	以上不关我的事

这四个表格凝结了四个降低内耗的思维，让自己**遇到具体事情再具体分析，引入概率避免想太多，根据优先级做了加法就要做减法，学会课题分离，做好自己的事，少管别人的事**。这样做，减少了我八成以上的内耗，把人生调为飒爽模式。

06

在10分钟内，让濒临失控的情绪好起来

一个人的好情绪，是对自己最大的福报。

一个周末，我携老公参加线下讲座，主题为"父母的情绪"。

老师说，情绪管理很重要。当父母经常对孩子情绪失控时，孩子永远不会不爱父母，他们只会不爱自己。你的情绪表达怎样，你孩子的情绪表达也就怎样。

情绪管理很简单，就是"三步走"。第一步：察觉情绪来了。第二步：思考怎么能让自己感觉变好。第三步：好好沟通，依次表述，我看到/听到什么客观现象；我有什么感觉；我有什么期望。

讲座的最后，一个听课的妈妈站起身拿起话筒，说自己上次听了老师的课，回家正好碰到"饭做好了，叫孩子吃饭，叫了三遍，孩子还在打游戏"的对口场景，她决定按老师教的试验一番。

"宝贝，妈妈看到你在玩游戏，妈妈大热天辛苦做饭，你不仅没帮忙，而且叫了三遍都不来，妈妈现在感觉生气，甚至有点心寒，希望你赶紧关掉游戏，过来吃饭，吃完再玩。"孩子可能也感觉到妈妈的反常，无奈眼睛像被胶水粘在屏幕上，随意地回答"马上来"，手指却还在快速操作手柄。

妈妈觉得还是老办法管用，直接上手，夺走手柄，硬性退出，把孩子拽到桌前吃饭，家庭吃饭氛围很差。

老师回答这位妈妈："任何一个方法，先尝试一百次，如果孩子能在过程中有所改变，那么这就是一个好方法。如果我们现在学不会情绪管理，那么我们的孩子，将来要撞完很多南墙，花更多的时间和精力去学。"

这两句话直插我的心窝。

老师领进门，修行在个人。讲座结束，行动派的我，飞奔回家，画起了"加强情绪管理"的思维导图。我根据自己的情况，将老师短短的讲座进行本土化和延展化。

第一步：觉察管理。

首先收集负面情绪词汇，列成清单，贴在冰箱上。

这些词包括烦躁、恼怒、伤心、心塞、急躁、无助……一般会伴随着生理反应，如呼吸急促，心跳加速，变得不耐烦，翻白眼。高频看到约等于高频提醒，更能第一时间察觉和识别出负面情绪。

察觉出来后，再想深一步，什么是导火索，什么是根本原因。

是生孩子的气，生老公的气，还是生其他家庭成员的气？搞清楚主副关系，不要广泛树敌。

第二步：悦己管理。

察觉出来后，采用积极的暂停术。比如，时间暂停法，我现在气急了，给我2分钟，我想缓一下。空间暂停法，我先去个卫生间，我想下楼去小区里面转转。

然后，启动自我关爱的选择轮：罗列出让自己心情阴转晴的方式，对任意项的快捷指数做到心中有数，并且在平时生活中注意积累"怎样让自己快速爽起来"的实用素材。

建议在家专门花时间用穷举法来盘点，然后按照"五感"法来分类。

1. 嗅觉

闻到自己喜欢的味道，据说是最快的冷静方法。做深呼吸，或瑜伽里的腹式呼吸。撕开一副中药眼贴，闻着中草药味道清醒一下。

2. 视觉

看几则搞笑的小视频。桌面上反扣着没看完的书，尽量拿起来看，前几分钟心乱到看不下去，走神了就把思绪拉回来。打开衣柜，拿出喜欢的衣服试穿并照镜子。

3. 听觉

建立一听前奏心情就飞扬的拯救歌单。打开收藏夹里的相声、笑话集锦。

4. 触觉

可以练习书法，拿出米字格和田字格，审字，琢磨这个字的结构、重心和轴线，写几个字，心乱变得心静。手机常备小游戏 App，如俄罗斯方块。拿出眼部按摩器，躺在床上闭着眼睛按摩。

5. 味觉

吃点坚果，咀嚼的秩序感让人放松；吃点瓜子，一粒一粒剥皮，吃的前奏变长，自己会更有耐心。

通过以上五感，争取让自己冷静下来。确实有动用五感也无法转移注意力的情况，那就调动想象力，在脑子里想象美好的图景。

我平时比较喜欢喜剧想象法：想象刚刚遭遇的场景，《老友记》里有没有相似的片段。剧中人遇到这样的场面，罗斯会倒霉成啥样，瑞秋会怎么耍贱，莫妮卡会强迫症上身成什么样，菲比有什么谜之脑回路，乔伊要多久才能反应过来，钱德勒会讲什么冷笑话。

或者想象自己躺着做 SPA，技师如此对你温柔以待，你干吗要发火？想象自己被中医号脉，中医已经告诉你肝郁，你干吗还要动怒？

反正，一轮一轮地让自己迅速好起来，是我认为情绪管理的重中之重。这些办法要经常收集并更新，平时就得在自己的情绪菜园子里，栽种豌豆、玉米、向日葵、土豆等植物。等坏情绪僵尸一步步逼近时，我开始植物大战僵尸，向日葵产生源源不断的阳光货币，用土豆抵挡僵尸，用豌豆、玉米射手等攻击坏情绪僵尸。

先把自己安抚好，不是自私，而是更好地安抚别人。人在快乐且理智的状态下，才会记得并掌握好沟通的三步走公式。沟通好，反馈好，避免给孩子和家庭成员留下阴影，阴影不是只有孩子难以接受，对成年人的伤害也是核弹级的，也省下了伤害造成以后繁杂的自我修复程序。比如，和他人的解释、致歉、承诺、重新联结等工作，说不定一整套做下来，关系还是难以恢复。

第三步：沟通管理。

先白描陈述，我看到/听到/注意到什么；再形容感受，我有什么感觉/感受；最后表期待，我希望你配合我做什么/要是你怎么做我就开心了。

负面情绪，是个人需求和情景碰撞的矛盾反差。

试想一个情境：你回到家接到工作电话，需要赶紧摆平一项紧急事项。你的个人需求是，你想要安静无扰的环境，来赶紧处理一下工作。但此时的情景是，孩子迅雷不及掩耳地摔倒，哭得停不下来。个人需求和情景碰撞，你的坏情绪指数级飙升。

心疼，孩子摔到的地方泛红让心揪着疼；

烦躁，工作怎么好死不死地这时出问题；

责怪，老公咋连这么小的孩子都看不住。

几股力量，一下子让你的压力瞬间失控，你边抱着孩子安抚，边想找老公火拼，工作还需要赶紧联系止损，想把孩子交给老公安抚，孩子哭叫打挺，表示只要你。

考验你的时候到了，因为你下一秒很容易情绪失控，把情绪管理三步走战略抛诸脑后了。

你很可能顺其自然地被情绪牵着走，打算先把孩子安抚好，看着孩子哭得快停了，忍不住指责老公。老公本来也累也心烦也内疚，在你"老公无用论"的论调下,情绪的小恶魔也越狱出来。随着你们的争吵不断升级,哭停的孩子又开始哭,你试图找到家里一个稍微安静的角落开启工作。

人在生气的惯性下,打电话时与合作方交流的态度没那么友善,如果对方再把皮球踢回到你这儿,你可能还得和合作方发生口角,好不容易把工作搞定,回过神来处理家里的状况,男人沉默,女人流泪,孩子哭闹。

一个负能量的人,会拖垮一群人,恨不得单曲循环《最近比较烦》,自掐人中紧急抢救,喝玫瑰花茶、服用逍遥丸舒缓肝郁,和老公吵闹又和好,和孩子道歉又保证,和合作方解释又补救,各种补丁打下来,平添许多内耗,把自己累够呛。

如果能在孩子哭泣后,马上插入情绪管理三步走的插件,把孩子带到房间,抱着安抚他,等他情绪稳定,自己玩玩具或睡着了,你也给自己一个积极的暂停,回忆一下五感情绪恢复法,用尽浑身解数让自己感觉好起来,出客厅和老公拥抱十几秒钟,开句玩笑"打两个工作电话,回来接着抱"。

老公可能进卧室看看孩子,与人拥抱后产生催产素的你,体内游离着令人感到幸福的激素。这时打电话联系合作方,理智和状态双在线,更可能把问题快速且顺利地解决。电脑关闭,手机锁屏,回卧室,孩子睡了,就和老公抱抱聊聊;孩子醒着,一家人甜腻地卿卿我我。

只要在情景转折期,注意情绪走向,识别负面情绪,运行三步走插件,就是四两拨千斤的做法。

情绪管理的一小步,事后弥补的一大步。

父母的好情绪,是孩子最大的福报。心平气和,不仅对我自己好,而且对孩子好,对配偶好,对家庭好,对工作好,对身体好。

一个人的好情绪,是对自己最大的福报。

07
低内耗的人,"翻篇力"很强

想蓄水就堵住出水口,想前进就别踩刹车板,想上场就别先绊倒自己,想胜利就不要窝里斗。

内耗低的人总是相似的,而内耗高的人各有各的"耗点"。

"耗点"包括但不仅限于低自尊,高敏感,过度自我关注,看重他人看法,容易被别人的情绪影响,是负面情绪的奴隶,做决定前脑子里两个小人在打架,难以容忍别人的缺点,看不惯这也看不惯那,把精力放在不可控的方面,不会拒绝也不情愿帮忙,不想发生冲突只好生闷气,想说的话说不出口,想得太多做得太少,提不起又放不下,没闲着也没产出,对待事物永远不会满足……任意一条发展严重都够受了,更别提高内耗者往往身兼数条。

而低内耗的人都具备"翻篇力",能迅速消化不快,不会升级不快;能笑着说出来,不会反刍痛苦;能继续新生活,不会越陷越深。

人生总时长有限，吃苦时间多了，享乐时间就少了。会翻篇的人犯个错，吸取经验，举一反三；吵个架，不翻旧账，没隔夜仇。遇到不快、不爽、不顺，"翻篇力"越强，内耗越少。

"翻篇力"强的人有天生的，如性格乐观、不爱计较、钝感力强；也有后天的，哪怕掉进过高内耗的深坑，但仍然能迅速察觉，迅速行动，迅速翻篇。

作为一个资深高内耗者，我一直在培养"翻篇力"，我来演示下"翻篇力"如何启动。

一、迅速察觉

当你感觉累，但累得莫名其妙，事出无因，没有做类似搬家、运动等重体力活，也没做类似做卷子、想方案等明确的脑力活，这种累只能勉强称为"心累"。

持续疲惫，没有好转，就要及时对自己望闻问切。通常愁眉苦脸，眼神无光，无心打扮，呼吸有气无力，说话长吁短叹，食欲不佳，睡眠不好，精神恍惚，烦到偏头痛，气到血压高。这些表现提醒自己处于内耗状态，拉响警报，引起重视，不能听之任之，让小内耗演化成大内耗。因为内耗最终会沉淀在身体上，男人内耗久了胸闷气短，胃部溃疡；女人内耗久了卵巢囊肿，乳腺增生。你有多内耗，身体全知道。

二、迅速行动

最大的行动要领，就是去做和之前内耗中相反的事情，去想和之前内耗中相反的想法。

开篇的"耗点",我几乎逐一亲历。

"低自尊,高敏感",大学因为寝室成员面露不悦,我开启言行扫描模式,我这个独生子女是不是不好相处了?工作后同事关门声音重了些,我点击回放按钮,一帧一帧地检讨刚刚的方案和表达有没有什么不妥。

著有《洛丽塔》的俄裔美国作家弗拉基米尔·纳博科夫说"一个敏感的人永远都不会是一个残忍的人",实际上,敏感的人对自己相当残忍。

人的自尊和敏感经常出现此消彼长的关系,以前我总盯着自己的"缺点",总觉得别人也都盯着我的"缺点",把自己没说对一句话,没做好一件事,和别人不一样简单粗暴地归纳为"我不够好"。

既然低自尊和高敏感让我不舒服,那我就去做与之相反的事,在变成高自尊、低敏感的过程中,我发现盘点别人的缺点,列举自己的优点,对镜故做加油状都治标不治本,最有用的方法是长期自律,会让人从内到外地有底气。我30岁以后,工作上得心应手,爱好上写作出书,自尊的护城河结结实实地建立起来,觉得自己挺好的,看别人也顺眼,更加乐于夸人,勇于自嘲。

现在的我想对过去的我说,互联网时代,多少人使尽浑身解数,无非想让人多看两眼,多一个点击量都高兴坏了,想要别人一直看你,你何德何能?

我以前嘴边有颗口水痣,看到就别扭,有个假期鼓起勇气点掉,假期快结束了,痂还没完全脱落,思想斗争很久,向领导请假，领导反问："你哪里有痣？"等结痂脱落去上班，没人发现我的改变。我哭笑不得地领悟到，自己主观放大数倍的东西，别人根本不在乎。

同理，其他"耗点"也可以求解它们的相反数。

"过度自我关注"，那就关注点自我以外的世界。

看看别人的悲欢离合，看看科技的日新月异，看看科幻的星河辽阔，当你看完这些，下次再想悲春伤秋、无病呻吟，起个头就自觉无趣了。

"看重他人看法"，那就看轻他人看法或看重自己感受。当我看重想法的人，根本不在乎我的感受，而我开始无视对方的看法时，杂念减少会把事做得更漂亮，反而赢得对方尊重。

"容易被别人的情绪影响"，那就试着修炼钝感力，或者友好地和别人设定清楚的界限。

美国精神科医生朱迪斯·欧洛芙提出"共感人"的概念，共感人拥有极度活跃的神经系统，大脑无法过滤与阻绝刺激，使共感人容易把身边的正能量和压力能量同时吸收进体内。听得出言外之意，接收到沉默传达出的信息，遇事先感受再思考，容易受到刺激，需要独处时间，对光线、声音、气味敏感，不喜欢人多的地方，喜欢大自然和安静的环境。

我是共感人的一员，多年来持续尝试把自己的神经调粗，但对于亲近、在乎的人，还会不受控地敏感，我对自己最好的保护就是设立界限，减少负能量密接者。

"是负面情绪的奴隶"，那就试试成为正面情绪的奴隶。

有一天晚上失眠，反刍不愉快的事和人，郁闷了 2 个小时后，突然意识到始作俑者说不定睡得香甜，假如我要当情绪的奴隶，能不能选个正面情绪做我的奴隶主。经过这个转折的提醒，我回想近期生活中的好笑事件，老公的糗事、同事的口误、网络段子都是素材，想着想着竟笑起来，为了不打扰床上熟睡的老公和女儿，只能调小欢笑的动静。

"做决定前脑子里两个小人在打架"，等小人打完架，事都过去了，那就试试让两个小人握手言和，先按这个小人的想法去做，再按那个小人的想法去做。有看小人打架的工夫，现实中的困难说不定都被我打败了。

"难以容忍别人的缺点，看不惯这也看不惯那"，那就试着接受看看，入眼入耳不入心。

"把精力放在不可控的方面"，那就试着放在可控的方面，自己比别人可控，过程比结果可控，认真做好自己当下该做的事。

"不会拒绝也不情愿帮忙，不想发生冲突只好生闷气，想说的话说不出口"，那就尝试着态度柔和但语气坚定地表达自己的客观条件和主观感受，先表达出来，后续去对协作对象试试专业版的、坦诚版的、自嘲版的，去对亲朋好友试试撒娇版的、幽默版的、嘴甜版的。

"想得太多做得太少"，那就试着想 15 分钟后就动手做。

日立公司前董事长川村隆有 15 分钟内得到结论的习惯，一个人一次集中精神的时间只有 15 分钟。在同声传译行业，国际会议或峰会之类的重要场合，翻译要每隔 15 分钟就更换一次。如果不能在

15分钟之内得出结论,那么就算烦恼更久,也无法得出结论。

"提不起又放不下",就是因为没提起来过,一直想象,缺乏验证,在独角戏中自导自演,当你提起后才真正知道要不要放下。

"没闲着也没产出",那就试试要事第一,做完再玩。

"对待事物永远不会满足"时,就用"不可能三角"劝自己调整心态。

2008年诺贝尔经济学奖获得者,美国经济学家保罗·克鲁格曼根据"不可能三角"理论画出了具体的图形。他主张在独立的货币政策、资本的自由流动、汇率的稳定中,一个国家或地区最多只能选择两个,三者不可能同时出现。

这种三元悖论在现实中比比皆是,好工作的"不可能三角"是钱多、活少、离家近;好员工的"不可能三角"是能力强、工资低、肯加班;好项目的"不可能三角"是预算低、质量高、出活快;投资的"不可能三角"是收益高、风险低、流动性强;房子的"不可能三角"是价格低、环境好、配套好。世事极少尽如人意,有得有失,感恩所得。

三、迅速翻篇

当我们对内耗及时察觉,准确地提炼,试过正、反两面的对比状态并且调试到最佳平衡点后,在趋利避害、趋乐避苦的人性驱使下,聪明的你当然知道怎么选。

想蓄水就堵住出水口,想前进就别踩刹车板,想上场就别先绊倒自己,想胜利就不要窝里斗。

郝思嘉说，明天是新的一天；许巍唱《每一刻都是崭新的》。人生如书，哪怕这一页写满痛苦，再翻一页，仍然纯白，等待书写新的篇章。

生活有太多不能自已，但也别内耗自己。

Chapter 2

行为提案
不说硬话，不做软事

波伏娃曾说：男人的极大幸运在于，他，不论在成年还是在小时候，必须踏上一条极为艰苦的道路，不过这又是一条最可靠的道路。

我做事的原则就是，从利益出发，它要不要做；从风险出发，它该不该搏；从能力出发，它该不该干；从结果出发，它划不划算。而不是别人告诉我，我对不对。

01

好看很难，长期好看却简单

享受到基因红利、第一眼就惊艳众生的人，其实并没有那么多。这种造物主的作品，身材、五官、皮肤全部位列中上水准，外加一两处点睛之笔，这是一种随机、残酷、不受控的幸运。

我们听过一句话：让自己好看并不难，难的是长期好看。

这句话乍一听，好像很有道理，但不要忽略话里有个隐藏设定，其实它把主语默认为先天外形条件好的姑娘。

如果"好看"前面，拿掉"长期"这个修饰语，有可能是年轻时好看，或是突然变好看。

年轻时好看的人，属于天生丽质。就像《乘风破浪的姐姐》里的姐姐们，基本都符合"好看且长期好看"。

张柏芝，曾经的颜值摄人心魄，现在的状态依然能美上热搜；曾黎，中戏明星班公认的班花，现在的样貌、气质、身材也通通在线。

但我觉得这类美人，只是人群中的极少数。我曾在地铁的广告里看到，拥有一张像明星般好看的脸，这样的人在人群中的概率仅仅为十万分之一。不知道大家在上小学和初中时，有没有这样的经历，班上有男生给女生做排行榜，把班级女生按好看程度从高到低降序排列。还有美女评选环节，如四大班花、五朵金花、七仙女之类。当时我们这些普通女生，听闻这些排行或封号，心里都冒出质问：你以为你是谁啊？

恭喜你，你有一张自律的脸

很多故事里，同学多年后聚会，当初的班花没有了往昔的风采，而从前其貌不扬的女孩们，变得越来越迷人。我后来没有参加过小学或初中的同学会，但**在不同的故事里，我发现小时候或年轻时不够惊艳而足够踏实的女孩，人生轨迹普遍向上。**

这些女孩没有过早与男生纠缠，没有过早地迷恋打扮，也没有过早地放弃学习。当"美商"觉醒后，把从小踏实读书的劲头，分拨一些给外貌、护肤、健身、塑形。

以前和"女神"称号是平行线的人，现在也开始有点交集了。

这些后天美女，从开始的第一天起，存进好习惯当作本金，一天后产生好习惯的利息，本金和利息又作为第二天的本金，存到第二天的户头。周而复始，日夜复利，身处其中的你，可能不知道一场见证时间奇迹的潜移默化正在悄然进行。

终于在一段时间之后，在一个小有仪式感的场合，如同学聚会或家庭聚会上，大家觉得你变美了，但感觉还是你。达到这种极为成功的效果的，正是每天好像也不是太难的自律和坚持。

享受到基因红利、第一眼就惊艳众生的人，其实并没有那么多。这种造物主的作品，身材、五官、皮肤全部位列中上水准，外加一两处点睛之笔，这是一种随机、残酷、不受控的幸运。

如果有幸得到，一定要妥善保存。更多的普通女孩，相貌平平，五官平淡，从小相信学习更重要，气质更重要，内在美更重要，等长大了，学业和事业大盘渐稳，开始打个外在美的回马枪，越自律，越美丽。这样的女生，恭喜你，人家有一张未婚妻的脸，而你有一张自律的脸，自律脸最抗老。

有整容机构分析"耐老脸"和"显老脸"的区别，由骨相决定，显年轻的几个特征：额头饱满，鼓出来的额头比凹陷的额头更显年轻；面部骨骼感不明显，短宽脸比窄长脸更显年轻。

如果不把脸当作生产要素，真不必冒着风险动刀动枪。

其实哪怕骨相绝佳，生活习惯恶劣，一脸满溢的脂肪，再好的骨相也挂不住超载的肉。

让自己保持长期好看的微能力

我喜欢并尊重每一个养成系美人。

比如，日本女生"最想变成的面孔"——石原里美。她的初始存照，肤色不算白皙，五官不够惊艳，嘴唇过于肉感。

从在普通人中好看，在女明星中普通，再到被评为"最想变成的面孔"这条路上，石原里美做到了以下两点：

1. 对变美的好奇心和不断付诸行动。石原说过最中意自己的下颌线："要突出这里的话，必须凸显胸锁乳突肌，凸显这个肌肉的办法就是锻炼背肌。"

2. "永远不会被拍到丑陋表情瞬间"的表情管理。她那充满感染力的笑容，是将"面对镜子，上排牙齿轻咬下唇；将上唇用力往上拉起，直到露出牙龈为止；再将嘴角用力提起，直到脸颊两边肌肉颤抖；接着用力睁大双眼，保持 2 分钟"这四步，每天练八次以上，重复几个月才能做到。

实不相瞒，我找个没人的地方，照着分解步骤做了一遍，两边脸颊不断颤动，有点小累。

与其说这是日本女生最想变成的面孔，不如说这张面孔透露了很多关于变美可以借鉴的方法论。

"累丑"一词的开创者"我我我不是结结结巴"说过："男人摆脱外貌焦虑来自集体降格。身材差可以安慰自己中年发福（福是褒义词），皮肤不好更没事，因为保养皮肤直接被他们定义成'娘'，共沉沦的好处是大家可以集体放纵，大家都烂等于没人烂。女人摆脱外貌焦虑的方法是内卷，比同龄人竞争者美，当大家都穿高跟鞋，你不穿就显矮。"

对于这种"男人集体降格，女人热衷内卷"，我觉得只是局部。在我看来，有两类女人可能会在变美上内卷：一是明星或网红，要艳压群芳、要抢占"C位"、要竞争资源，需要职业性内卷；二是不成熟小女孩面对情敌时，误以为在"好看"里内卷，就能战胜情敌。

大部分普通女孩，看到别的女孩漂亮，不是要和她们去竞争；相反，我们更能欣赏，更懂借鉴，更能自律。

很多人变漂亮，身材变好，没有陷入容貌焦虑，没有要和谁去比美，也不是担心没人通过邋遢的外表看到自己的内心，而是"我只想状态好到让自己感到开心"。让自己保持长期好看，是种了不起的能力。

每天吃够5种蔬菜，每周吃够30种健康食材，八分饱就放下筷子立即擦嘴，每天贴墙站10分钟，睡前半小时做一下身体拉伸。通过这种"其实意识上注意一点就能做到"的自律，规律作息、修正容貌、调整体态、控制体重、研究穿搭、改变气质、修身养性，综上所述带来的外貌上升期，叫作自律美。

长期自律带来的美，看似漫不经心，却让人肃然起敬。没有好看的超能力，就保持让自己长期好看的微能力。

02

为了变好看，要穷养脸蛋，富养习惯

没有什么能够阻挡女生对漂亮的向往。

　　知乎上有个热帖：为了变漂亮，你坚持了哪些好习惯？这个问题有三千多个回答，我没事就会翻翻看看。

　　其中，涉及护肤品、化妆品、服用的保养品等相关的内容，我都用手指迅速滑过，基本不怎么看。而涉及饮食、作息、体态等方面的内容，我就会仔细品读，把觉得有用的内容收藏到电子笔记中，仅仅看过不算完，还要亲自去试，看看哪些值得长期坚持。

　　随着年龄的增长，我越来越深信，为了变漂亮，就得穷养脸蛋，富养习惯。

一、穷养脸蛋

我有过疯狂购买护肤品的岁月,尤其是刚毕业那几年,把不怎么高的工资大部分花在脸部保养上,吃的喝的擦的用的。

那时我成套地买护肤品,用个把月,可能还剩一半,觉得效果未达预期,又把目光转向其他品牌,看看文案和评论,觉得之前那套没买对,马上又去专柜买套新的,如此循环。

在脸上投入很多金钱和精力,却没有看到期待的效果,甚至有反效果,这让我非常沮丧。

高频率地换来换去,皮肤容易水土不服,会间歇性轻微过敏,有点泛红,皮肤有火辣的灼热感,感觉脸上总有一颗痘在爆发,还有一颗在酝酿,有时甚至下巴处有小小的颗粒。把皮肤作到这种地步,我不得不选用一些成分简单的药妆,肤况稍好一点,可能又是我新一轮作妖的起点。

总之,在我富养脸蛋的那些年,从来没有身边的朋友夸过我的皮肤,也没有人问过我用什么护肤品,完全不带货。而在我终于意识到我这张脸就是敬酒不吃吃罚酒,对它再好也是白眼狼时,我放弃了对皮肤热脸贴冷屁股近乎讨好的内耗方式,就用保湿的药妆或号称无添加的护肤品。

心倦了,泪也干了,不再折腾了。我已经不太关心网络上流行什么神奇护肤品,也不在意明星推荐的品牌,下载内容型的App,再也不把护肤作为自己感兴趣的领域了。用完一瓶续上一瓶,基本都是同品牌的同一系列,顶多是换季时换个常用的品牌,不用主打美白、祛斑、去油等功能的产品。

我也不学什么面部按摩的手法，总觉得每次按摩都是在撕扯皮肤，仿佛听见皮肤流泪的声音，涂上按摩油可能又会长粉刺。当我不再折腾皮肤之后，皮肤反而给我好脸，身边终于有朋友夸我皮肤状态变好，有三四个朋友还仔细问我用什么护肤品。

有时在现实生活中有点带货能力，还是挺开心的。我也见过用很贵的产品，皮肤也挺好的人，但我不是其中一员。这些年，有时收到年终奖或者稿费，也有过"该给自己买瓶死贵死贵的护肤品"的时刻，但真的开瓶用上后，没几天脸上就冒出一两颗痘。我又用回原先的护肤品，一段时间后，心里的不甘让我再次拿出死贵的护肤品来用，依然一两天后长一两颗痘，我只能把它们送给感兴趣的同事。早就对那些用了某款护肤品，第二天起来皮肤发光的说辞免疫了，对我来说，护肤品做到维稳和保湿已经不错了。

二、富养习惯

虽然我长相普通，但也追求好看，既然精力在脸上无处发挥，不如投注到好习惯的建设上。我总结过身边看上去状态比实际年龄好得多的女人们，生活习惯相对比较好。

一个我听说她的年纪后忍不住惊讶的女同事，她脸上和身上紧致的线条，是由于多年的游泳习惯塑造的，听说她从小练习游泳，工作这一二十年，每周也要游个两三次。

我们部门一个40多岁的美女，生了一男一女，但身材样貌都很让年轻姑娘们羡慕，她每个工作日中午都要去上一节拉丁舞课。

我记得怀孕后听协和医生的音频课，说到预防妊娠纹的问题，老师说最好的预防是控制体重。

有了适合自己的产品，当然是如虎添翼，但是好习惯才是变漂亮的基础。

再贵的眼霜可能也无法修复你长期熬夜的眼周，再新的抗糖化面霜也会败给你爱吃甜品的口味，再黑科技的按摩仪可能也无法拯救你懒得运动的血液循环。

作息规律，饮食科学，坚持运动，情绪稳健，这四大护法好习惯，让你在削减护肤品、化妆品投入的同时，也能拥有好于平均线很多的颜值、身材和状态。

以下重点提及三个我最近感触颇深的好习惯。

一、口味清淡

要脸小，嘴要淡。对我这种面庞不娇小的人来说，重口味一段时间后，脸真的能膨胀一圈。

有段时间，我婆婆做饭给我吃，她做饭放盐重，老公一家人脸部骨架都小，可能没什么感觉。

说实话，味道重的饭菜确实比较香，但我吃完以后总想喝水。后来我发现，起床后我的眼睛在睁开时似乎更有阻力，脸上也有点浮肿，综合来说就是脸大了。

人们很难去改变别人的习惯，所以我就少吃一点菜，浮肿的状况会好一些。我也觉得永远吃没什么味道的饭菜，会失去一部分生而为人的快乐，偶尔吃顿重口味的没什么大不了，只是平时基础的饮食习惯要清淡，这样偶尔重口几顿，也无伤大雅。

除了吃的，还有喝的，我的经验是少喝饮料。曾经失眠的我对咖啡、茶都敬而远之，有一次喝了奶茶，心跳加速到心慌，这些身体反应自动把我劝退。如果平时吃吃喝喝经常重口味，那么口舌生疮、肤发油腻会是常态。

二、适合自己

现在是个信息泛滥的时代，面临海量的说法，一定要提高甄别能力。

我上大学时长痘，就是看到杂志上说生姜蜂蜜水养颜，猛喝一段时间，颜是没养住，容却毁掉了。我那时就有深刻的领悟，任何养颜方法，在亲测之前，一定要了解自己，不要盲目照搬，注意测评期的微小改变，循序渐进。

美妆博主推荐的眼霜可能让你冒脂肪粒，时尚达人推荐的面膜可能让你脸上过敏，适合别人的未必适合自己。

有些人说一天一杯蜂蜜水或者淡盐水，其实也不是每个人都适用，如果你本身血糖或血压有问题，就不能每天这么做。就算主打健康和美容的饮品，我也觉得不要天天喝，我平时就是喝温开水，大约15分钟抿一口，不要渴了一顿暴喝，牛奶、果汁、花茶等，根据自己的身体情况，设置合适的频率。

三、体态要好

我这几个月在上瑜伽课，被老师的一句话洗脑了："肩膀下沉，让肩膀远离你的耳朵。"这句话简直成了我站立行走的BGM（背景音乐）。疫情期间我们上双向视频课，大的窗口显示老师的标准动作，右下角小窗口显示自己的动作，其实在做瑜伽动作的时候，很容易就会耸肩和弓背，老师提醒，马上可以矫正。

对体态来说，我觉得重中之重就是沉肩，只要肩膀往下沉，脖子就显得修长，锁骨会像水平线般优美。坚持沉肩，久而久之，背部会变薄，脖颈更修长。

人群中的体态属于正态分布，体态一般的人占大多数，很可能包括你我，偶尔有人呈现出挺拔感，就觉得非常优雅。

没有什么能够阻挡女生对漂亮的向往。为了变好看，穷养脸蛋，富养习惯，我觉得这是不可本末倒置的方式。

03

哪些穿衣要点，能让气质翻倍

把衣服一件一件地拿在手里触碰，感受它是否能够让自己心动。留下心动的，丢掉不心动的，这是简单又正确的判断方法。整理衣服时，问问自己以后还想再穿吗？如果答案是否定的，那就断舍离吧。

最近在思考一个问题，我定居大连7年了，这座城市在哪些方面重塑了我？如果毕业后工作了4年的深圳是我的职业培训所，我希望大连成为我的时尚启蒙师。

"浪漫之都，时尚大连"是大连街头巷尾的口号，刚到这里时，我发现这里的人们，身材高挑，衣着体面，善于打扮。街上随处可见行走的衣服架子，既有气质，又有气场。

村上春树说午睡让一天仿佛变成了两天，而我生完孩子后也感觉一生变成了两世，心里期待活出不同的自我。

我以前不太注重穿衣和化妆这类外在功夫，把更多精力投放在钻研与执行内调和学识上。后来发生过多次因为自己气色不佳、穿着随意而被人频繁地询问"发生什么事了""遇到什么困难",而我也会更容易进入诉苦、自怜的内耗盘丝洞,不仅没有改变我的处境,而且浪费了我改变处境的时间,于是我打算花时间改变穿搭,改善形象,哪怕有点愁云惨淡,好的形象也会借我向上的精神气:更少自我怀疑,更多自信阳光。

断舍离后,打造令自己心动的衣橱。

前段时间,我看梅耶·马斯克的自传《人生由我》,书里讲到她如何找到正确的穿衣风格。

她原以为自己穿搭很有一套,后来被形象设计师朋友朱丽娅点醒。"朱丽娅到了我家,对我衣橱里的衣服进行了逐一检查,在勉强留下几件之后,她扔掉了我其余的衣物,她说现在你必须去买一套西装,两件衬衫,一双鞋和一个包。当我第一次穿着那套剪裁合身、面料精美的衣服时,我的确感受到了一种前所未有的自信。"

在产假结束前,我重新审视衣橱。

把衣服一件一件地拿在手里触碰,感受它是否能够让自己心动。留下心动的,丢掉不心动的,这是简单又正确的判断方法。

整理衣服时,问问自己以后还想再穿吗?如果答案是否定的,那就断舍离吧。不要觉得放弃可惜,就当家居服穿,家居服是穿给自己以及最亲的人看的,更该换上喜欢的衣服,让自己心情愉悦。

按照"是否让自己心动"的标准,那些完成使命的月子服,松垮变形的高领 T 恤,印有侧花的牛仔裤,还有设计感过强、质量和做工偏弱的网红衣服,应该离开衣橱了。

人生有舍才有得，衣服更是。

选择衣服，是对自我的一次小型探索。

蒋勋说，服装是一门大学问，需要花一点心血去了解自己适合什么样的颜色，什么样的造型和体态与什么样的服装搭配在一起是最对的，这才是衣服的美感。

当我对衣服逐一审视后，归纳出被我扫地出门的衣服，主要有两类：第一类是特别喜欢的，穿到衣服变形；第二类是特别不喜欢的，穿过几次就厌弃。

对于第一类，遗憾是不够珍惜；

对于第二类，遗憾是不会消费。

第二类衣服大多数是网上买的，看模特穿着好看，但拿到手后，面料、质感和版型都不如预期。我常在购物节的优惠力度下，买一些不该买的衣服。2021年双十一之前，我理性做功课，定位自己目前的特质和期望的特质，寻找二者之间的实现路径。不整理我都没发现，虽然我上班有专门的工装，但在私服领域，衬衫和运动装实在过多了。风格过于雷同，款式追求舒适，衣橱已经暗示我一直待在舒适圈，对新自我缺乏开垦的激情。

眼前幻化出一张穿衣地图，根据自己目前的形象——皮肤白，面部棱角明显，体重虽已恢复到孕前，但不够紧致有力，我的穿衣方向是：清爽、温馨、飒气、扩大舒适圈。

基本色系的衣服，由于黑、灰和藏青偏多，于是把驼色加入购物车；

点缀色系的衣服，由于蓝、紫和深绿已有，于是把藕色作为试用装。

还新购入抬气色的丝巾，渐变色的围巾，更加青睐版型挺阔的剪裁。线下试衣能精准购衣率，但疫情和带娃让我更多选择线上购物。

生完孩子后，身体已经发生改变，我以前买内衣，一直复购相同的尺码。这次我购买之前，拿出皮尺，量出大小，进行测算，才选择尺码，于是买到了让我惊喜的衣服。衣服一定要在懂得自己的基底的情况下，适合自己，展现自己，延伸自己。

善待衣物，普通衣服也能穿出大牌感。

对比我和老公，我的置装费比他高得多，但他的衣服穿出来比我更有大牌感。他每次把洗衣机里七成干的衣服拿到阳台晾晒的时候，都会用力把衣服拉平整。

衣服晒好收进衣柜，连一件30元的打折T恤，都用小衣架挂起来，按照色系放进衣柜。秋冬穿的大件衣物，回家换上家居服后，用粘毛滚筒滚过几遍后，挂在阳台的衣架上。

鞋子不会喜欢哪双就一直穿，再爱的联名款穿了一天，回家就擦干净，至少隔一天再穿。对于我家的挂烫机、衣服剃毛器、粘毛滚筒等护衣用具，他使用的频率比我高得多。

我有时过于追求效率，晒衣急匆匆，吃饭急匆匆，衣服有褶皱、油渍的情况常有发生。衣服只要有褶皱、油渍、毛发、头屑，价格再贵也自带地摊感。

我有一次听一位空姐提到，出门之前问自己六个问题：

（1）衣服干净吗？

（2）衣服是否皱巴巴的？

（3）有没有露太多？

（4）衣服上有毛发、线头、宠物毛吗？

（5）鞋子脏不脏，旧不旧，有磨损吗？

（6）衣服合身吗？胸前有没有被撑开？

听到此处时，我想起我的一个好朋友，我和她认识很久之后，才知道她家养着一只金毛、一只泰迪和一只猫。但我每次看到她，她身上都完全没有宠物毛发，也没有宠物气味。

善待衣服的另一个前提是需要自己体态良好，肩膀内扣的挺起来，弯腰驼背的改过来，穿圆领衣服，更要把脖子远离肩膀。

亭亭玉立的你，身高会拔高，气质会翻倍，心态会强悍。身体锻炼，体态训练，穿搭研究，这些都是高配衣服的法宝。

如果一个人能做到每天用心穿衣，将自己的个性和想法用整洁的衣服表达出来，是对自己的修行，也是对生活的热爱。

正如阿图罗·佩雷斯-雷维特在《南方女王》里说，衣服能衬托出一个人的精神、个性、权力。

04

我当然不建议戒掉容貌焦虑

焦虑不全然是坏事，它是一个提示符号，告诉你人生路上，与其临渊羡鱼，不如退而结网，升级自己的能力池。

近年来，很多人旗帜鲜明地声讨容貌焦虑。

我原本以自己有容貌焦虑为荣，点进文章一看，发现我认为的容貌焦虑，和别人说的容貌焦虑，压根儿不是一回事。

有些整形行业，自诩拿到容貌的定义权。热巴鼻、锥子脸、欧式双眼皮、冷白皮、精灵耳……有这种容貌焦虑的，敢问其他部位已经无懈可击到要去横跨民族、跨越人种，甚至超越人类了吗？

还有些文化界的男性，也自诩拥有容貌的解释权。李敖说美人要高瘦白秀幼，但我觉得男方中有人喜欢高瘦白秀幼，女方中也有人喜欢潘驴邓小闲，希望两者顺利相遇。

对于容貌焦虑，我的看法基本就是以下三条：

一、容貌焦虑，自己有自己的，别去评判别人

你拿容貌去攻击别人，别人可能拿能力来碾压你，陷入单一优势中沾沾自喜，是一种短视行为。

二、很多事情不能"一刀切"，容貌焦虑也有优劣之分

优质的容貌焦虑，建立在自己的健康、审美和生活方式上，而且会把焦虑转化为良性行为；劣质的容貌焦虑来源于商家怎么说、网红怎么做，沦为待割的"韭菜"，反而陷入加强版的焦虑中。

三、不要做因为不要容貌焦虑，就连容貌也不要的傻事

我不欣赏一些人叫嚣着不要容貌焦虑，自己却在健身房猛练习，在美容院猛捯饬，这算不算一种自我精进却麻痹别人的行为？

对我而言，每次容貌焦虑，都会让自己内外兼修到上一个台阶，摩拳擦掌地防御或攻打自由基，如避免压力大、紫外线、二手烟、甜食等，让自己生活精致、饮食健康、作息规律、情绪良好。**在我眼里，美貌只是健康的附属物之一。**

我的审美观点早就固定下来了，那就是以健康打底，身材匀称，轮廓清晰，皮肤光洁，毛发旺盛，有点肌肉，眼睛放光，那种每个毛孔都透露着蓬勃生命力和满满求知欲的美感，我见一次爱一次。

我之所以产生容貌焦虑，一般是看着体检报告上的数据，产生"早知道我就应该"式的忏悔，看着镜子里的自己，产生捏捏这里掐掐那里的沮丧。

雕塑大卫美就美在，在一团石头里，把多余的东西去掉。人也

是美就美在，在日常生活里，把负面诱惑带来的生活方式、环境和坏情绪对人类机体的伤害，最大限度地降低。

每隔几年，我的容貌焦虑就会爆发一次。

最近一次是生完孩子后，那是一种由远及近的广泛打击。

从远处看，身材大了一圈，腰臀部又大又松，走近一点，头发少了很多，白头发多了不少，对着镜子勉强微笑，牙齿正面还凑合，背面没法看。

我怀孕初期，反应较大，刷牙容易恶心，没刷几下就对着水槽吐，重复几次以后，对刷牙心生畏惧，没有好好刷牙，一段时间后，下牙的牙缝间长出牙结石。等生完孩子，哺乳期过后，我就开始磨刀霍霍向牙结石，在网上看洗牙科普帖，看看洗牙正反方过来人的体验和看法。决定去洗牙后，选择医院，验血、拍X光、洁牙，每周找医生上一次药，然后早晚坚持用巴氏刷牙法指导自己刷牙。

生完孩子后，我计划在1年之内，恢复到孕前体重，在饮食基本不变的情况下，在充分评估以后，从产后瑜伽过渡成综合瑜伽，下班后一旦有人带娃，我就飞奔去练瑜伽。

备孕期，我锁骨下方长了颗痘，我当时乱挤，也没挤干净，后来怀孕期和哺乳期不敢轻举妄动，等产后八九个月，我去看皮肤科。医生跟我说已经变成疤痕，需要在疤痕上扎针，并且照光，每周一次，六次是一个疗程。我扎针并照光六次后，找医生复查，已经不需要扎针和照光，可以在网上买点疤痕液涂抹，如果增大增厚再复诊。于是我日常抹药，定期观察，疤痕早已变平，只是颜色还有点淡红，不细看也看不出来。

产后 1 年不到，我的容貌焦虑已经平复了。这些实践心得告诉我：**只有去做正确的行为，才是对抗焦虑的良药。**

下面介绍我摆平容貌焦虑的常备武器——变美甘特图。说到甘特图，我很早就接触过。我的领导经常用甘特图虐我，我逐渐产生"斯德哥尔摩综合征"，并应用在自己的自律生活中。

变美甘特图			2021 年 X 月 执行 梁爽 ■功课 ◎探索 △落实 ◇超标
类别	内容	备注	1-31
疤痕淡化	扎针	每月一次，避开生理期	
	照光	每周一次	
	涂药	每天一次	
身材恢复	瘦小腿	拉筋板、泡沫轴、筋膜刀、足部按摩器	
	瑜伽	阿斯汤加瑜伽、流瑜伽、理疗瑜伽	
	体态	肩颈脊柱流、开肩开胯流、贴墙站	
	仪器	研究 icoone 燃脂紧肤的作用和副作用	
牙齿	洗牙	EMS 洁牙	
	上药	缓解牙周炎	

在身边，在我的读者群里，总是有各种讨论声，为什么我超重太多，为什么我长痘不断，为什么我脱发不停？听多了以后，我甚至怀疑她们是不是打心眼里真的想要改变。因为我有个信念，**但凡真的想改变，肯定能改变，至少能改善。**

而且我尽到努力，也更坦然地接受结果，打个响指，然后把目光转到其他方面。

我有一个朋友，有一个阶段长了几颗痘，就开始焦虑，于是人家愣是把网络科普、中医说法都研究了一遍，甚至去新华书店找到皮肤科医用教材来学习。后来她的皮肤比长痘之前好太多了，因为在这个过程中，跃迁了理论，纠正了错误，知其然也知其所以然，为皮肤乃至身体的健康美观打好根基。

其实大部分人的容貌，比上不足，比下有余，但有一些人产生了优质的容貌焦虑，他们制定方案，研究功课，逐步实践，总结迭代。

这类人把容貌焦虑当抓手，变得形象美、气质佳；把口才焦虑当抓手，变得更加能说会道；把工作焦虑当抓手，变成独当一面的业务小能手。

焦虑不全然是坏事，它是一个提示符号，告诉你人生路上，与其临渊羡鱼，不如退而结网，升级自己的能力池。

我看小说时，会克制自己沉浸在情节中，不做读书笔记，但村上春树在《1Q84》里的一段话，让我破功："她永远注意仪表整洁，动员体内全部力气保持挺拔端正的姿势，收敛表情，努力不泄露一丝衰老的迹象。这样的努力总是收到令人刮目相看的成果。"

愿你的容貌焦虑，最后取得令自己刮目相看的成果。

05

女人赚钱就是硬道理

波伏娃曾说:男人的极大幸运在于,他,不论在成年还是在小时候,必须踏上一条极为艰苦的道路,不过这又是一条最可靠的道路。

很少有放之四海而皆准的普世真理,除了"发展就是硬道理"。

大到对人类、对国家,中到对企业、对家庭,小到对男人、对女人,都很适用。

但可能由于旧思想的影响,身边人的鼓励,社会上的诱惑,一些女人抱有"在家靠父母,嫁人靠老公,将来靠孩子"的危险思想,把自己的赚钱能力给耽误了。

我想提醒女性朋友们听到以下三句话要心怀警惕,因为它们可能成为你赚钱路上的拦路虎。

单身时：自寻辛苦干什么，嫁得好是第二次投胎。

我赞成参差百态乃幸福之本源，可是对于经济无法自治、持续对别人掌心向上的姑娘，我觉得这种"幸福"脆弱且易碎。

嫁得好当然好，但嫁得好不好，需要用很长的时间维度来衡量，甚至是直到盖棺才能论定，人、事和关系都在发生变化，随机选取一个横截面，只能得出片面的结论。

不如多年后回头看，只怕到那时，干得好的最不济也就是担心奋斗成果无人分享，而干不好的就各有各的不幸了，如人财两空，贫贱夫妻百事哀，不足为外人道也的妥协让步，等等。

曾经一位家庭主妇向我诉苦，公婆在老家资助一个上初中的孩子，老公定期给孩子汇钱，数额大到把她气得内分泌失调；一位自诩嫁给有钱人的女同事时常炫富秀恩爱，有一次部门同事家人突发重症，情急之下向她借钱，她支支吾吾解释，家里钱都是婆婆在管，自己没什么话语权，之后就减少了炫富。

父母是有钱人，公婆是富大款，老公是创业新贵，无疑是运气大礼包，但都不如自己拥有随时能兑换货币的工作能力靠得住。自己好，才是真的好。

日新月异的今天，连电脑软件、手机 App 都不断换代更新，不下点补丁，不经常升级，自己与社会的议价权会被慢慢蚕食。

啃下年度销售任务、为公司盈利添砖加瓦、自创文案刷新点击纪录，见证每份付出转化为生产力，那种踏实感和成就感，让人神采飞扬、心生喜悦。

结婚后：女人赚钱比老公多，觉得心理不平衡。

有个读者跟我抱怨她赚钱比老公多，心理不平衡。

在我看来，如果我赚钱少，我才心理不平衡，自己赚钱多，高兴还来不及，有什么不平衡的？

换个角度想想：

一是如果你老公的工资维持不变，而你赚得比你老公少了，你们的家庭整体收入减少后，你会更开心吗？

二是如果你的工资维持不变，你老公赚得比你多，你回家晚，你老公回家更晚；你觉得累，你老公觉得更累，你会更开心吗？

三是如果你老公赚得比你多，他提供物质价值时，希望你提供更多情绪价值，你回到家如果还要再受气，应该更沮丧吧？

四是如果你老公确实不好好工作，也不顾家，就算你在工作上和家里付出再多，他不求上进还习以为常，那赚得更多的你，也更有选择的资本和自由，不是吗？

美国有一份研究报告，在 18~28 岁结婚或同居超过 1 年的伴侣中，当女性的收入是男性收入 3/4 的时候，伴侣关系中的男性最不容易出轨。

男人有钱，男人容易变坏；女人有钱，男人容易出轨，敢情女人赚多赚少都不对。

赚钱不易，你赚得不爽，还有很多人想去赚。

很多人心存偏见，觉得男人赚钱养家，女人貌美如花，男人应该比女人赚得多，男人养女人是理所应当，女人养男人就是挑战传统。

根据凤凰网的一项调查，仅不到 50% 的家庭，老公收入明显比老婆多，有 22% 的家庭男女收入相当，更有 35% 的家庭，老婆挣得比老公多。以后很可能有越来越多的家庭，老婆挣得比老公多。

正如中山大学的郭巍青教授说的：现代职场更适合女性，因为已经不太需要体力，人们更需要的是会沟通协作的人，女性在沟通能力和抗压能力上确实比男性更胜一筹，而且反应更加积极。

拿我的家庭来说，我和老公的收入像跷跷板，不是我高就是他高，其间我们的感情和关系，没有随着收入的高低而发生变化。我们都认真工作，能力稳步提升，收入受到所处行业环境、风口时运的影响，我们不是竞争关系，而是合作关系，钱不好赚，谁多赚点，对我们的家都是好事。

我写作后，收入更高，但我始终没有因此而膨胀，觉得对家庭贡献更大，不尊重对方的工作，把自己的辛苦和脾气发泄在对方身上。我沉浸在爱好和提升中时，他承担了更多家务，每次帮我揉揉肩、倒杯水，我都能体会到他对我的心疼和支持。

说句实在话，写作带来的收入增长和能力跃升，是谁也拿不走的实力，对我而言受益最大。而且我多赚到的钱，他是我最想要一起分享的人。

好的婚姻要谈钱，但总在谈钱的婚姻好不到哪儿去。我希望我们出门去赚账单，回到家写情书。

生娃后：女人不管赚多赚少，一定要有份工作。

我有一个朋友产后第 3 年重返职场，她说"女人不管赚多赚少，一定要有份工作"时,我一听就不赞同,孩子在特定时期特别需要陪伴,但孩子一生都需要钱陪伴。

同样 8 小时,为什么允许自己赚得少?能创造更多价值为什么要藏着掖着?

提高工作时间的变现能力,关系到生活舒适度和选择自由度。

再说这么妄自菲薄的话,充满了对工作的不尊重,仅把职业生涯发展当消遣。面试时起跑线大致相同的同事,时间一久呈现出"分水岭"。

有人在分内事上下游代入思考,多了解公司横向纵向的业务,在归档查单据时发现被人忽略的漏洞,在与客户谈判前多做功课拿下大单,对人人避之的"老大难"问题寻找解决方案。

而你却趁着老板不注意打开电商平台把宝贝加入购物车,约着闲散同事去厕所一唠嗑就是大半天,接到不属于自己服务范围的电话匆匆挂断,领导分配工作时总有一千个推托的理由。于是,你最终眼睁睁地做了别人的下属,眼红别人比你多一个零的奖金。

早年我向一位生娃都没有放缓晋升速度的上司探听升职秘诀,她的答案是:**心无旁骛地专心工作。规定的工作量做完后深挖内功,阅研行业相关的红头文件,带着具体问题请教资深老骨干,去行业论坛学习案例,开大会前去其他楼层的洗手间对着镜子把发言稿演习几遍……**

别人谈股票、讲八卦、拉家常时她像做了消音处理,领导问工作,别人沉默了,反而是她陈述点评提建议的秀场。

赚钱不仅限于本职工作的开拓进取,还可以是利用爱好和特长增加斜杠身份，擅长绘画的调度员业余靠着接活作画搞创收，热爱看书的客服人员下班凭借写拆书稿赚外快。

用自己挣的钱给自己更舒适、更舒心的生活，不用仰人鼻息、看人脸色，自然落落大方、气定神闲。而贫穷姑娘更容易暴露嫉妒、自私、狭隘等负面心理。

赚钱的底层逻辑是用所得的薪水来解决生活的麻烦。

波伏娃曾说： 男人的极大幸运在于，他，不论在成年还是在小时候，必须踏上一条极为艰苦的道路，不过这又是一条最可靠的道路；女人的不幸则在于被几乎不可抗拒的诱惑包围着，每一种事物都在诱使她走容易走的道路；她不是被要求奋发向上，走自己的路，而是听说只要滑下去，就可以到达极乐的天堂。当她发觉自己被海市蜃楼愚弄时，已经为时太晚，她的力量在失败的冒险中已被耗尽。

女人在单身、婚后和产后，在不透支身体的基础上提高赚钱能力，在人生路上勇往直前，摇曳生姿。

06
为什么我建议女生在顺境时谈恋爱

一个女人的自信之路,往往由自己做自己
的盖世英雄的经历铺陈而成。

虽然我给自己定位为励志博主,但还是经常被问到情感问题。

不少读者来倒苦水或求开解,我归纳过六成以上的问题属于情感题,从对方描述的男朋友或老公来看,游戏玩得天昏地暗,麻将搓得夜以继日,脾气差得逢火必爆,不顾家,不顾妻,不顾儿……

我也不确定读者的描述是否客观,后来我会向读者追问,这个男人这么不好,当初他是怎么走进你心里的?

我得到的答案通常是:

他撩我的时候,正好是我最寂寞、最空虚、最迷茫的时候。

他追我的时候,我家里正好遇到事情,身边没有说话的人。

我当时刚和前男友分手,家里撮合,就和现任闪婚了。

当类似的答案越来越雷同的时候,我渐渐得出一个结论:女生,还是在顺境的时候谈恋爱吧。

顺境时谈恋爱,像吃菜,会找自己喜欢的口味,而且享受到美味。

逆境时谈恋爱,像吃药,顾不上口味,马上缓解当下的痛苦就行。

女人在失意迷惘时,走进她世界里的男人,可能是她在正常情况下不会青睐的类型。

在你"虚"时闯进你生活的男人,安慰你,陪伴你,给你提供情绪价值。

那时你眼中只有你自己的弱小和他的强大,你像抓到绳索一样,把拯救者的标签贴在对方脑门上。

等你走出困境,恢复正常后,渐渐发现他的弱小和自己的强大,但有了情感,放下谈何容易。

人的身体在免疫力低下时,最容易受到病毒的侵袭,抵抗力正常的情况下,各种吞噬细胞早就把病毒搞定。

在正常情况下,你能迅速分辨渣男,玩什么老套路,打什么心理战,不吃这一套。

可偏偏就在你免疫力低的时候,时刻需要他的陪伴,他那"若即若离"的招式才有展示的空间;时刻需要他的安慰,他那"口蜜腹剑"的武功才有发挥的机会。

你忙着自己建设事业,开阔眼界,夯实皮囊的时候,大家都是忙里抽闲见个面,也就自动屏蔽了他的招数。

我庆幸在自己单身时，人生低潮自己死扛，这似乎帮了我，让我在之后拥有了一条简单而顺利的感情路。

我单身时，遇到较为黑暗的时光，可能是我高考失利，离开家乡，首次住校，我记得第一次班会，很多女生精心打扮一番，我直接穿着拖鞋，根本没心思捯饬。

我在不如意的时候，眼睛是内观的，我一直反思自己以前做错了什么，现在的报应是什么，我该怎么做来改变我不想要的状态。

我像周星驰的电影《功夫》里面的星爷一样，受伤了，自己钻进十字路口路灯上的一个箱子里，朝着箱壁疯狂挥拳排毒，闭关疗伤，然后排出毒素一身轻松地走出来。

我大学的辅导员，在我大四时说，为什么以前没有发现我的各种能力，感慨我大学进步挺大。其实他所说的那些能力，也不是之前就没有。

我跟很多人相反，很多人一进入大学，就参加社团，表现自己。我是大三大四时才开始发力，科研立项，申请经费，联系实习。辅导员甚至希望我跟学弟学妹们分享经验。

大一大二时，我心中郁闷，哪儿有心思对外。

我要发泄，所以选择跑步，我觉得出汗比找人倾诉舒服多了；我不得志，所以看各种传记，比起别人的痛苦和磨难，我这都是小事。

没有人理解我，未来能见度低，只能天助自助者，我记得我那时每个月看两至四遍《肖申克的救赎》。

只有我自己满意自己，感觉一切都朝着我想去的方向前进时，

我才会稍微放松下来，展现出自己本来的状态。

后来和我结为夫妻的人，也有过一段失落的经历，那时他没有瞎谈恋爱，浑浑噩噩度日。他也在听我当时听的摇滚，看我当时看的电影。

我不是说人就一定要独自死扛困难，我结婚后，有一次我妈生病，我很崩溃，我老公甚至说放下这座城市的一切，去我老家省会工作生活，方便照顾我妈，这种患难见真情的恩情，我一辈子都记得。

我也不是说在自己有困难时来帮你的人一定不能发展感情，哪怕脆弱一时，渡过难关后也要迅速清醒，问天问地问自己是不是真心爱对方，这是对人对己的负责之举。

我有个高中同学，博览群书，思想冷酷，她离婚时都没难过多久，但我见过她之前跟大学初恋分手后，那种身心溃散、意志溃败、满脸长包、身材发胖的样子。

我见过她前男友，三个人一起吃过饭，其实我不太明白为什么同学会看上这个不知哪里好的男人。

后来我了解到，我这个同学大一时，母亲车祸去世，对她造成了严重的打击，她那时胸口长了不小的纤维瘤，是短时间内情绪急剧变化造成的。

她的前男友陪着她走过来，安慰她，所以她对他的期待和依赖可想而知。

后来前男友欺骗她，一边和她在一起，一边找了别的女朋友。

行为提案 ｜ 不说硬话，不做软事

我觉得有时候你爱的和爱你的人，变心后就已经不再是当初那个你爱的和爱你的人了。

我刚毕业找工作的时候，为了省钱，去住过那种大学生求职公寓，看广告上描述得很好，到那儿一看，就是小区里三室一厅的房子，我住的那个次卧，硬生生摆了三个上下铺的床，六个女生住。

白天大家都分头去找工作，我发现睡我下铺的女孩没有求职者的感觉，懒懒散散，我们起床她还在睡，经常感觉在房子里却不在屋里。

后来同屋一个比我住得久的姑娘告诉我，这个女孩也没钱交房租，工作也没有找到，没有坚持找，在屋里待着心情不好，房东安慰鼓励几句，就慢慢和房东暧昧上了，两个人可能也不是正经的男女朋友，反正女孩不用交房租了。

当时我听到就炸了，省下这么便宜的房租，就把房东这个以正常眼光来看缺少吸引力的"豆芽男"当作盖世英雄。

别因为暂时的困难，一点小挫折就把持不住。

其实大部分困难，只是披着困难的外套，你若勇敢面对，见招拆招，没那么难的。一个女人的自信之路，往往由自己做自己的盖世英雄的经历铺陈而成。

一个女人的整个人生，总会经历或长或短的黯然岁月。

不要在一点小困难面前，就觉得自己不行，得有人拉自己一把。如果小挫折你自己都熬不过，以后大挫折来了怎么办？

不排除有心有力有爱的人帮你扛过去，但对方遇到挫折时，你能帮忙吗？万一你人生末了，他先撒手而去呢？

　　自己做自己的军师、探子、信差、士兵，一个人就是一个抢险队，把自己这个暂时落难的公主英勇地营救出来。

07

致灵魂有湿气的姑娘：不说硬话，不做软事

我做事的原则就是，从利益出发，它要不要做；从风险出发，它该不该搏；从能力出发，它该不该干；从结果出发，它划不划算。而不是别人告诉我，我对不对。

2017年，我妈妈查出卵巢癌。

刚开始，我责怪上天，怎么舍得让这么一个善解人意、温柔体贴的人，遭此劫难。

后来我发现，过度地善解人意，温柔体贴，对别人来说是优点，对自己来说是缺点。

在乎别人的情绪，让渡自己的感受；对外界过于温柔，对自己过分残酷。

我忘不了她做完手术后，尽管瘦骨嶙峋、有气无力，内心却像大彻大悟一般，有一种明晰了生死之外无大事的通透感。但回归到日常生活中，我担心她之前的情绪模式卷土重来。

从此以后，我养成故事会人格，搜集了上百个正面素材，为了与她聊天时，通过讲故事，植入我希望她性格飒爽、心无挂碍的理想。

在电影《你好，李焕英》里，妈妈对女儿说："我的女儿，我就让她健康快乐就行了。"在我的生活里，我想对我妈说："我的妈妈，只要又飒又爽就好。"

又飒又爽是我对我妈、对自己、对女儿、对读者的祝福。

那么，如何成为一个又飒又爽的女人呢？

感情需要"悦己感"。

我和老公刚在一起时，看他工作忙到很晚才下班，我决定憋个爱心大招。看视频，学教程，做出面食首秀，包出奇怪的饺子，心想等他回家，场面绝对"执手相看泪眼，竟无语凝噎"。

谁料他只勉强吃了两个，我因此大发雷霆，我吵架的话术和预期是"如果我是你，看到我精心准备，要感谢，要感动"，预期一落空，吵到要分手。

其实，以对方为中心，很可能两个人都不开心，以自己为中心，至少自己吃爽了，而且我吃得开心，也能感染对方感到开心。

以"我全都是为了你好"为开头，以"你太让我失望了"为发展，以"我放狠话伤到你了"为结局，这样的循环太累人了。

我从此明白，"悦己"真不是买点好东西、买件贵衣服这么简单，而是哪怕你是我爱的人，但我的快乐依然我做主。

整天说话硬邦邦，做事软绵绵，自己累不累？整天研究外表有妃子风情，内心有正宫气度，自己有多闲？

女诗人伊蕾说过，"我的诗中除了爱情还是爱情，我并不因此而羞愧。爱情并不比任何伟大的事业更低贱"。

话是没错，只是可惜没有爱情的她，就不写诗了。

陶虹曾在采访中说："我和徐峥吵架，从不真生气，我不需要徐峥向我道歉，也不用他哄我。"

如果感情里动不动就生气，信息没有秒回，就上升到"你到底爱不爱我"，对方没哄到位，就上升到"感情里只有我在付出"，这段感情谈得就太不悦了。

当年老公向我表白时，因他小我5岁，他主动问我是否担心"将来男人事业有成，女人年老色衰"的问题，然后自顾自对天发誓。

我笑着说："我相信你现在所说皆为真心，以后如何，以后再说，那时的我们，会比现在更有智慧，能解决现在解决不了的问题。"

感情中懂得悦己，自己才是自己快乐的直接供应商，而且悦己趁当下。

工作需要"作品感"。

我听过中国围产医学保健之母严仁英教授的一个故事。

她曾是协和医院的妇产科教授，文化大革命期间遭人虐待，让她打扫厕所。那时大家有妇产科的难题，就到厕所里去找严教授。之后她被选为北大医院院长，她马上又骑上自行车，深入田间地头，做中国孕产妇死亡原因的调查。引进了美国叶酸预防新生儿神经管发育畸形的项目，所以现在孕妇基本都吃叶酸，大大减少了孕产妇的死亡和胎儿的畸形率。

她分享了八个字：没心没肺，能吃能睡。因为心中有想做的事，所以保重身体，减少计较，把自己的身心当成纸笔，创作真正有价值的作品。

有一次听音乐人分析王菲。

王菲永远都是自己的音乐真正的制作人，林夕和张亚东都在配合王菲，她决定自己的风格，要唱什么，自己是谁，从哪里来，要去哪儿。之前很多女歌手，唱的都是男人是天是地是一切，而王菲传达了很飒的爱情观，我知道爱情从哪里来，要去哪里，但是我依然爱你。

我永远欣赏把工作做出作品感的女人，她们跳脱于KPI（关键绩效指标）之外，对经手的工作，具有"过自己这关"的标准。我自己也在这样要求自己，尽管我现在依然是个名气不大，热爱写作的作者。

但对于我的书，从第一本开始，我就深度参与策划工作，跟编辑一起想书名，选封面，做调查，想把自己的审美和风格融合进去，我心里一直有个越位的想法，我才是我的书的主编。

越来越认同严歌苓说的那句"我不害怕衰老，因为我有写作，随着多长一岁，我就多一些作品出来"。工作中，能够保持创作或创造，是件特酷特幸福的事，隐身了你其他维度中的鸡毛蒜皮和鸡飞狗跳。

因为有事要做，还要做好，对此投入身心，支棱起人生的底气。

选择需要"速度感"。

灵魂有湿气的姑娘，为人黏黏糊糊，做事拖拖拉拉，说话含含糊糊。

做一件事，出发点是别人怎么看我，做成功了别人怎么说我，做失败了简直没法见人。

为电梯里的失态懊恼半天，为同事的语气猜想半天，为旁人的误会解释半天，为别人的建议纠结半天。何必呢？明明那么普通，却又那么自信，然而别人压根儿不关心。

关于选择，陈数曾在剧中说："我做事的原则就是，从利益出发，它要不要做；从风险出发，它该不该搏；从能力出发，它该不该干；从结果出发，它划不划算。而不是别人告诉我，我对不对。"

我看过这样的研究，**大脑从接收信息到完成思考，大约需要 0.5 秒，其中，0.1 秒，信息到达大脑，0.4 秒，检索记忆后做出判断**。活得飒爽的姑娘，面对挑战或机会，不用 0.4 秒来检索，而在第 0.2 秒就会说：我来试试。让大脑没时间检索记忆，决定尝试后，披甲上阵，把选择变对。

有个读者给我分享了她的"123+1 法"，不管想不想做，不纠结，数 123，3 秒后就开始去做，就做 1 分钟。1 分钟后想继续就继续，不想继续就停止。

有一位有名的女商人年轻时想开一家自己的店，说开就开。开后便试，从零售到批发，从找工厂到开工厂，因为不会管人，关闭工厂后，找代工厂轻加工。

她用排除法，对或错，一开始并不知道，试了就知道。

有的人总是被动等待命运的调度和安排。其实等待的背后，还是等待，在埋怨中等待，在猜想中等待。不如把骨子里的拧巴清理干净，说做就做，收放自如，这才飒爽。

生活本来要摧残你的，或通过等待，或通过磨难，没想到你这么主动，这么扛造，反而把生活过得璀璨，熠熠生辉。

生活需要"天真感"。

有的姑娘看上去"又年轻又老"。

她们忙碌时，把生活简化为不断提速的状态，拳打脚踢，忙如旋风；闲暇时，笑容因在工作中使用过多，在生活中就经常板着脸，颓丧是生活的分泌物。

我很欣赏那些看上去年轻感十足的女人，好像心里从来没有什么愁事，时刻有与"真正的老"保持距离的警觉。

特斯拉创始人埃隆·马斯克的妈妈和外婆，一个比一个飒。他外婆60多岁开始上艺术课，96岁后如饥似渴地阅读书籍。某次，他的妈妈和外婆参加茶会，聚会中的老年人都在抱怨这吐槽那，她俩夺门而出。他妈妈问：这样怨天尤人，是年龄增长的原因吗？他外婆答：不，她们从年轻时就这样了。

真正的年轻人，心里充满天真，把工作当成作品那样去完成，有好奇心，有探索欲，在感情中愉悦并滋养自己。

随时被生活激活，深切而饱满地看到、听到、嗅到、品尝到、触摸到生活中的实景实物，让感官充分开放，日子过得有滋有味。

曾经听过一段对恍惚的讨论："许多聪明的现代人不知道恍惚为何物，却每每自诩为一种成熟、稳重、大气的处世方略。"无论年岁，依然为真情所动容，依然为美好而恍惚。

阅尽千帆，有没有少女脸或少女感是其次，仍有少女心性才厉害。

又爽又飒的人，从来不是穿了件加垫肩的西装，画一个甄嬛黑化后的妆容，表情冷凝而漠然就飒爽了。她们形象多变，接受自己的美与缺陷，发自内心地认可自己，不被高敏感啃啮，有被讨厌的勇气。

大事不糊涂，小事不计较。视野深阔，境界澄明，表述从容，行文舒展。不说硬话，不做软事。我们必须又飒又爽地实现对自己的祝福。

08

主动穷养物质生活，能够富养精神世界

我们可以像花一样娇艳，也能像草一样强韧。

看了纪录片《和陌生人说话》"抠组大神"王神爱的访谈，我决定实践另一种生活方式。

"王神爱，南京女子，32岁，已婚已育，豆瓣小组'抠组'的分享大神，工资储蓄率达到90%以上，毕业9年，在南京买了两套房。"我想澄清一点，一、二线城市，买房和攒钱不存在必然联系，她挺有赚钱头脑，大学期间利用设计专长勤工俭学，月均收入2000元。

身上穿的外衣是从朋友不穿的衣物里挑选的，戴的帽子是在游乐园里爬山时捡到的，逛商场觉得两边的商店像是鳄鱼池，路过就提速走开。连老公也受她影响，用的手机内存是32G的，因为内存小，很多App都没有下载，基本只留着微信。

她有种把生活中任何损耗转化为钱的能力，如豆浆洒了一点，就当作损失了两毛钱。

她认为自己达到最低档次的财富自由，不是挣得多，而是花得少。

这期节目引发不少争议，很多年轻人表示不会用王神爱的抠门方式去生活。

我诚实地说一下我看这期节目的心理变化。

一开始，她说到自己的生活理念和抠门习惯，我无法想象。

再后来，她说到原生家庭对她金钱观的影响，我开始理解。

到最后，她说到抠门带来野草般蓬勃生命力，我跃跃欲试。

她的一番话，天时地利人和地扎到我心里。"**我感觉我是站在地上的一个人，根是扎在土里的，生活想要摧毁我，是没有那么容易的……我不想当那种人人都夸，人人觉得很美丽，但是要花很大心思去呵护的花朵，但是我选择的是一种适合自己的，就是像野草一样活下去，并且旺盛地（活着），你就算把我踩得感觉只剩根了，你过几天看我，我又冒出来了。**"

近几年，我挣的钱比以前多了，花钱也比以前猛了。

改变生活的疫情，自上而下的政策，捉摸不透的风口，似乎在强调：花无百日红，才是人间真相。

我真正焦虑的点在于自己日渐增长的消费欲望和担心以后赚不到更多钱的矛盾，以及由俭入奢易和由奢入俭难的反差。努力让生活越来越好，但还是会担心"越来越好"只是一厢情愿的易碎品啊。

我感知到花朵般生活的脆弱性，并对这种脆弱和无常感到焦虑。

看了王神爱的访谈，其实"抠"和"房"都不是重点，而是我决心主动过一段野草般的生活。我要拿自己做一个实验，看看自己像野草般生活一段时间，会不会有蓬勃的生命力。

当然，我不会用王神爱的方法，对于自己版本的极简生活，我有自定义的想象和做法。

梳洗台上的护肤品只留下水乳，把眼霜、精华等暂时收起来，彩妆只留下隔离，把高光、睫毛膏等暂时收起来。

泡沫洗手液用完了，不买新的，用家人常用的香皂吧。

进口洗衣液用完了，不接着续，超市买大包替换装吧。

有一次我去逛服装店时，拿了两件瑕疵品，一件女式毛衣右肩处稍微起球，一件孩子的保暖内衣有污渍，其实不是标牌注明，我都没发现，结果以几十块的低价入手。

购物软件集中在一个文件夹里，放在手机页面的不太显眼处，非必需的购物大大减少。

双十一只买生活必需品，体会到了"购物软件的出现，不是为了让我方便购物，只是为了让我购物"。双十一没有大规模采购书籍，把家里那些"买书就像买保险，买了很多但一直没机会用上"的书拿出来看。

以前去超市里买有机蔬果，其实菜市场的蔬菜水果似乎更符合时令，更新鲜，让人更有食欲；以前隔三岔五就要外出就餐，疫情之后在家做饭，家常菜的谐音是"家常在"。

就算点外卖，我也会刻意比往常少点一个菜，七分饱的感觉，让我在运动量减少的同时热量摄入也减少。

在疫情胶着期间，女儿的早教机构关停线下课，我就给女儿当早教老师。按照早教课的一般流程，运动环节—音乐环节—探索环节—故事环节，我提前把故事记下来，讲给女儿听，和老公在家陪女儿玩躲猫猫，女儿发出了在课堂上没有的咯咯笑声。

这场生活实验持续了一段时间，我还好吗？

皮肤没有因为没抹精华、没做面膜就出现异常，看上去和之前差不多，还节省了时间。用香皂洗手，没觉得手变粗糙，用超市替换装的洗衣液洗衣服，更是一切如常。

第一次买有轻微瑕疵的衣服，居然让我有捡着便宜的兴奋，家里贵的上衣也起球，保暖内衣的污渍洗完就干净了。

尤其是给孩子买便宜衣服、在家做早教等一系列行为，缓解了很多文章传导给我的"月入五万、十万，依然给不了孩子美好童年"的育儿焦虑。

而且这样做让我意想不到地省下不少钱，这让我想起以前和一位出口公司经理的交谈，他告诉我产品质量到 70 分 80 分很容易，但每提高 5 分 10 分，所需成本就会成倍增加。其实要不要去为那拔尖的 5 分 10 分买单，我可以根据自己的情况做选择。

我是我们家的消费担当，这次的生活实验，让我和家人，尤其是长辈之间的消费摩擦锐减，投资储蓄率大大提高。在这个过程中，我好像体会到王神爱说的那种野草的蓬勃生命力：就算我习惯了用稍微贵一点的东西，我也能主动用稍微便宜的东西，在这个消费降级、生活简化的过程当中，我照样怡然自得，热爱生活，乐趣依然。

而且最关键的是，我体会到一种去焦虑的心境——我不必逼自己去过一种"同比增长"的人生。

"生活不是为了赚钱，但是想要的生活，都需要钱。"我以前对这句话深信不疑，但现在我觉得或许想要的生活，并不需要那么多钱。

这段时间，我看了TED[1]上一位英国行为学家的省钱建议，这些建议更适合我。

比如：

1. 未来半年到一年中，仅仅关注一个储蓄目标。

研究发现，当参与者只有一个储蓄目标时，比有五个目标时能存下更多钱，和工作时处理多项任务一样，注意力分散到多个储蓄目标上会效率低下。你的一生中会有很多储蓄目标，但短期内仅需关注一个。

2. 每次收入进账时，自动存储一定比例的收入。

研究表明，储蓄策略从每个月要记得存一小笔钱，转化为每次收入进账时自动存储一定比例的收入，像这样的被动系统，利用了人们的惰性倾向，不必每次都亲自转账，不会在每次转账时拖延，可以帮你存更多的钱。

---

[1] TED：美国一家私有非营利机构，旨在传播值得传播的创意。

3. 和身边的朋友聊天，主动谈谈存钱的话题。

研究表明，身边人的消费方式，会让自己趋同，当你整天看着朋友们今天去哪儿度假，明天去哪儿吃大餐，你的支出也可能增长，不妨和朋友们聊聊，怎么还清贷款，怎么存钱，你的存款可能就会增加。

饮食上的轻断食，会让人提高消化能力；护肤上的"肌断食"，会让皮肤功能更强劲；消费上的"轻断食"，让我体会到一种"不慌"的新活法。

我意识到有些消费只是锦上添花，没有这些"花"，"草"的生活也有另一番滋味。

有时候我们会担心以后收入下降会使生活的品质下降，与其让担心和焦虑内耗自己，不如主动去过"锅底"时刻，穷养自己的物质生活，尝试一段时间后你会发现人的适应能力很强，逢山开路，遇水架桥，往哪个方向走，都是上坡路。

在这个短暂的实验过程中，我用更科学、更适合的行为，主动让内心的消费主义降噪。重新回归生活后，不管我采用什么样的生活方式，我都不是原来那个我了。

愿我们可以像花一样娇艳，也能像草一样强韧。

Chapter 3

生活提案
自律上瘾，才是人间清醒

不要想着坚持，要想办法开始，从微小而有效的自律开始。
如果投入微小自律，就能获取巨额利益，这种好投资，谁能不入股？
把有限的精力和财富，持续而反复地投入某一领域，长期坚持下去，就会带来巨大的积极影响。

01

为什么你自律着自律着,就不自律了呢?

不要想着坚持,要想办法开始,从微小而有效的自律开始。如果投入微小自律,就能获取巨额利益,这种好投资,谁能不入股?

2018年,我建立自律群,组织500个人一起自律。

刚开始,大家热情高涨,争先恐后,我先后发起21天以及3个月的活动,随着活动推进,通过观察我得到一些结论。

第一个自律周期热度最高,随后递减;如果给自律优等生表扬或送礼,热情会相对提高;群里自律打卡活动停止时,自律人数减少。

其间,我问过中断自律的朋友:为什么你自律着自律着,就不自律了呢?

这个问题之所以能困惑我许多年,是因为我觉得自律与意志力关联不大。像我这种体能一般、耐力不足、有点小懒、意志力薄弱的人，尝到自律的甜头后，甘心变成自律的信徒。

一不小心就早起了10多年，稍不留神就坚持了7年的写作，阅读、运动、做笔记、列清单等，无法自拔地相伴多年。自律是件种豆得豆的小事，也是我疲惫生活中的英雄梦想。它是我的大功臣，辅佐我进可攻事业，退可守写作，30多岁活得比20多岁更青春。我真心诚意地认为自律好，才邀请朋友和我一起自律。

我为之上瘾的自律，竟有人产生排异反应，自律着自律着，居然不自律了。

于是在这500个人的大型实验中，我不断观察，归纳，回访，按照轨迹探寻到如下线索：

一、你为什么要自律？

我让进群的朋友先修改群昵称，在自己的名字后面写上自己的自律项目。大家的自律项目多种多样：读原版书，少玩手机，6点20起床，10点前睡觉，每周运动三次，每晚泡脚，期末不挂科，复习公务员考试，备考"教资"，备战CPA（注册会计师），饮食忌辣，瘦10斤，拒绝拖延……

目标有大有小，从根本上分类，一是因为向往和喜欢，知道自己想要什么；二是因为害怕和担心，知道自己不要什么。

我最初早起是因为大一时我们班女生只有两个人没有通过英语四级考试，其中一个就是我，我因为害怕下次再挂掉，不得不早起学习英语。但通过英语四、六级之后，我早起后就改做阅读、写作等喜欢的事。

我最初开始跑步是因为我在我们班女生中是最胖的，因为担心肥胖问题让我本就多病的身体雪上加霜，不得不到操场夜跑。但随着身材匀称后，我迷恋上跑步，因为多巴胺分泌让我快乐而自信。

确立了害怕型的自律目标后，通过自律，避免了害怕之事的发生，如果没有续上另一个害怕型目标或喜欢型目标，大多数人会浅尝辄止。长期自律的人，目标多半已从害怕型过渡到喜欢型。

二、你为什么能自律？

日本的习惯咨询师吉井雅之，曾为5万人提供习惯养成教学。我研究过他的套路，先用小习惯作为诱饵，钓上养成好习惯的大鱼。

给难以早上跑步的人的建议：每天早晨起来，穿上运动服，去外面走一走。一旦走出大门，自然而然会产生"既然都出来了，就不如跑步吧"的念头。

给常和妻子吵架的人的建议：每天对妻子说谢谢。把常说的"少啰唆""我知道"，改成"谢谢你帮我照顾孩子""谢谢你给我做饭"，家庭关系会变得温馨。

给家里凌乱的人的建议：回家脱掉西装前，收拾任意3件垃圾扔出去，家里就会变得整洁干净。

给不爱阅读的人的建议：把书翻开，读上一行，漫画也行。于是很多没有阅读习惯的人爱上阅读。

一件事想不想做，能不能坚持做，在于大脑能不能从中感到快乐。从五感进入大脑的信息，由杏仁核判断快不快乐。快乐就接近，不快乐就回避。大脑能坚持的事，比起正确，快乐更关键，所以要想办法把正确的事,用轻松快乐包装起来。

据我观察,"悄悄自律惊艳所有人""每天要坚持跑一小时""不瘦 10 斤绝不换头像",憋大招的自律,来去匆匆。

而像"坐地铁时背 5 个新单词,复习 10 个旧单词""睡前看 3 页书,不能再多了",这种短平快的自律,反而持久。

不要想着坚持,要想办法开始,从微小而有效的自律开始。如果投入微小自律,就能获取巨额利益,这种好投资,谁能不入股?

三、你为什么能自律着?

作为《老友记》的十级学者,在"瑞秋 30 岁了"那集,我获得长期自律的重要启示——打造自律链。

瑞秋过 30 岁生日时说她想要 3 个孩子,应该在 35 岁前生第一个,想在怀孕之前至少结婚一年,需要一年半筹备婚礼,希望认识对方一年到一年半后再订婚,所以 30 岁前要遇到那个人。

我觉得没必要在人生上往前推演,但在自律上往前推演,有助于保持"自律着"的状态。我写了自己早上 5 点起床的人生后,觉得有必要再写一篇晚上 11 点前睡觉的人生,没有早睡以及早睡的准备工作,就没有早起。

因为我知道自己早上的时候脑子好使,所以我拆晚睡的东墙,补早起的西墙。为了早睡,我回到家就洗脸,吃完饭就刷牙,饭后 1 小时就洗澡,晚上边看轻松的节目,边把第二天上班要穿的衣服准备好,鞋子擦好并鞋头朝外地摆好,少碰手机多看书,让自己早点入睡。

很多你难以自律的事情,不如往前延伸找办法。

计划早上跑步，又怕第二天不想出门，试试睡前在床边放一套运动服，第二天醒来穿上运动服下楼跑步的概率就会变大。

经常洗手，手部粗糙，护手霜却放到过期都涂不完，试试把护手霜摆在洗手台附近显眼处，每次洗完手顺便涂抹。

把自律链条的配套工具准备齐全，一旦开启一个动作，一串多米诺骨牌就迅速而连贯地行进。

电视节目演员兼企业家凯文·奥利里，前一天晚上做好计划，第二天到办公室后，刻意忽略其他事务，直到完成待办事务清单上的3件事为止。

他不仅安排了自己的自律链，还安排了在不同的环节上，哪些是一镜到底，哪些是慢镜头，哪些要按快进。

打造并优化自律链，牵一发而动全身，让你的自律环环相扣。

四、你为什么自律着自律着，就不自律了？

我在自律群里提问，后来为什么中断自律，答案五花八门：第一个目标就没完成，没有信心完成后面的；完成第一个目标以后，找不到有动力的目标；因为怀孕生子或工作变动，把自律抛诸脑后；有段时间很忙很累，休息后觉得自己没精力自律。

我发现，因为自律被间断强制拆迁了的情况真不少，我认为不管什么原因间断，间断了重新开始，就是自律的常态。

别说自己总是只有3分钟热度，有3分钟热度比从来没热度好得多，3分钟是个试用装，试用后看看要不要正式购买。

别说自己三天打鱼两天晒网，打3天比从来不打强得多，打3

天休 2 天，从第 6 天再进入下一个三天打鱼两天晒网的循环。喝杯饮料能续杯，办个会员能续费，合同到期能续约，自律间断也能继续。因为外界的干扰，惰性的挥发，休息或犯懒一段时间，经过状态的对比，目标的审视，方式的优化，再把自律捡起来，打个响指再出发。

自律从来没有固定的标准。

把时间利用到极致，争分夺秒的高强度自律，是自律；

等车时敲下胆经，起床前翻身做个平板支撑的顺手型自律，是自律；

躺着哺乳时做几次侧抬腿，等电梯的时候练习收腹的碎片化自律，是自律；

心情不好时做组伸展运动，钻牛角尖时分析英语长难句的转移型自律，是自律；

日程本上空白了几页，因为各种乱入的打扰，暂停了一段时间的重启型自律，更是自律。

当你开始自律，人生就有了低内耗的可能性。一是因为自律起来，身心自由；二是因为自律起来，没空内耗。

找到适合自己的自律，时间就会与你荣辱与共。

02

自律上瘾,才是人间清醒

把有限的精力和财富,持续而反复地投入某一领域,长期坚持下去,就会带来巨大的积极影响。

自律上瘾,才觉得人间值得

我休完产假回去上班,听到同事最多的回应是:和怀孕前相比,没什么变化。

没有比怀孕前更好看吗?

怀孕期间,我没放纵自己大吃大喝大补,孕中期开始练瑜伽,孕晚期为了防止胎儿过大,在医生的建议下严格控糖,产后 42 天,循序渐进地恢复运动。

身材管理只是顺便的事,我主要带娃、工作、写作,在时间稀缺的日子,我出门上班前会打开小视频,跟着运动博主做 5 分钟的腹部晨间唤醒运动。

博主说，她每天早上做 5 分钟，拥有了紧致的马甲线，我满心存疑。反正客厅铺着孩子的爬行垫，我早上动作麻利，挤出 5 分钟时间，平板支撑、V 字对抗、S 虫式、屈膝收腹等动作各做半分钟。

我的肚子渐平，体能更好，或抱孩子上下六楼，或单手抱娃穿鞋，浑身是劲。

自律是时间维度上的以小博大，每天给自己的人生哪怕输入 5 分钟的自律，交给时间去运算吧。

我常立足于自身现状和想要的状态，把自律作为连接二者的手段。早睡早起、热爱阅读、热衷运动、善待身体。

于是，皮肤从暗沉变白皙，身材从胖到匀称，体检报告从最多的 8 项不合格到去年的全部合格。

从一份工作变成两个身份，从在图书馆借书，到现在出版社给我寄首发新书，从在日记本上写，到现在出版了 3 本书。

我的自律灵活轻便，丰俭由我，碎片时间或整块时间，都各有打法。

为热爱的写作，早起 2 个小时；为饱满的精力，早睡 1 个小时；为强健的核心，运动 5 分钟；为体检的指标，多吃一口蛋白质，少吃两口主食。

都说人间不值得，如果身处人生正循环中，只觉得人生很值得。

自律上瘾，才是人间富贵花

有人把嫁得好，没怎么吃过苦的女孩，称为人间富贵花。

我觉得这种人间富贵花，是富豪养在家里的花，富豪可以在家养，也可以在外面养。

我心里的人间富贵花是自己赚钱买花戴。有两条衡量标准，如亦舒对自己归宿的总结：健康与才干。健康是固定动产，才干是流动资产。

你的身体，是自律的履历。

自律之于身材，不是人在床上躺，肥在心中减。而是再饿也不要狼吞虎咽，再无聊也不要跷二郎腿，否则迅速发胖，小腿变粗，脊柱变形。

自律之于皮肤，好皮肤的要义是早睡早起少生气，戒酒控糖少炸鸡，清洁保湿加防晒。

如果你全天摄入蔬菜的来源，不是麻辣烫就是方便食品里的脱水蔬菜包，饮食缺乏新鲜蔬菜，那只能让你面如菜色，外加水肿和干爽网面般的肤质。

总在床上和沙发上玩手机，下颌线和脖子纠缠不清，颈纹也会像被人勒过一般。

自律之于细胞，每个细胞都是一个珍贵的容器，保存着你的DNA。染色体端粒的长度是细胞层面衡量健康程度的指标，端粒缩短，人会生病。营养不良、缺乏锻炼、休息不够、压力过大都会让端粒缩短。

自律之于基因，如果你作息混乱、饮食随便，更容易脱发，而脱发基因，可能传给后代，不孝有三，给后代增加脱发基因为大。

你的才华，是自律的叠加。

我早起阅读和写作，"又当爹又当妈"地把爱好变成生活的一部分，发现有两技之长比一技之长高薪得多，也高兴得多。

投资大师查理·芒格从年轻时开始，坚持每天很早起床看书，八九十岁依然保持早起读书的习惯，几十年没变。

有人问他：为什么要坚持起那么早？

他答：把有限的精力和财富，持续而反复地投入某一领域，长期坚持下去，就会带来巨大的积极影响。

我用十多年的早起经历，验证了金融中"复利"的力量。

而自律的最初，像微博网友"小兔 Stephanie"所说："**最近过得自律，虽然并没有感到人生轻松了，但那种有条不紊往前解决问题的清爽感至少不会让人自暴自弃。**"

生一场大病，要花很多钱；新科技美容，也要花很多钱。

自律上瘾，这笔巨款可以不花或少花，再加上与日俱增的赚钱能力，成为人间富贵花，指日可待。

自律上瘾，才是人间清醒

有人抖机灵："生活太难了，它就像一个园艺师一样，在我身上施肥，又在我头上除草。"我好想发个传单，自律自控了解一下。

看书时，作者说爱美一点，精致一点，优雅一点，你就反驳：贫穷限制了我。贫穷限制你那么多，怎么没有限制你的三高和体重？

追星时，明星吃什么，穿什么，你都会跟风，唯独明星去运动健身，你不跟风了。与其坐在路边为自律者鼓掌，不如为自律的自己鼓掌。

常有读者发来人生困局，对自己的叙述惜字如金，对周遭的吐槽长篇大论。回到自身，是我的破冰建议。

听闻一位作家，原生家庭不理想，父母沉迷打牌，她说啊闹啊都没用，父母该干吗还干吗，她一头扎进自律里，早起、写作、创业。

有一次市里收集文化名人信息，电话打到她老家去，她爸激动得语无伦次，她妈兴奋得一宿没睡，父母决心不打牌了，说女儿越来越有出息，别人问起爸妈是干吗的，他们不能丢脸。

她后来说："我虽然看似没有再对原生家庭做什么，可是我把大量的时间和精力用在了自身成长和强大上，那一刻我终于明白，人确实是不能被改变的，但可以被影响，当你自身足够强大时，周身自有一股气场和能量，会让身边的人想要改变。"

现在流行"搞钱上瘾，才是人间清醒"，我觉得太片面，自律上瘾，才是人间清醒，有以下三重含义：

1. 自律上瘾的人，清醒到知道想要什么，不想要什么。

找对象前，自问要找性格相似的，还是互补的。

相似型自律，知道自己的人生目标，分解到每一天，人生目标和自律目标，朝着同一个方向前进。

互补型自律，就算你只想赚钱，每天拼命工作，也得兼顾互补型自律，如关心家人，注意身体。

忙的人，休息就是自律；闲的人，充实就是自律；事业型的人，恋爱就是自律。

2.自律上瘾的人，清醒到知道当下的欲望和未来的愿望。

美食上桌，吞咽的滋味多诱人，可我在当前的快感和未来的健康之间折中，律己一点，调慢吃饭的速度，少吃几口。

发了工资，花钱的感觉多畅快，可我在当前的快感和未来的保障之间平衡，律己一点，把工资的一定比例转为存款。

由着本能驱动肆意挥霍，但拿整个人生去妥协，代价太大。

3.自律上瘾的人，清醒到知道如何让看似反人性的自律，让自己上瘾。

门槛放低，更容易上钩。学生每天一句长难句分析，男人每天一个俯卧撑，女人每天一个波比跳，通常做一个哪够？像商场的自动扶梯，一脚踏上去，自动把你载向高处。

机制灵活，更容易坚持。把"绝对""一定"这类不容商量的肯定词，从自律词典中删除，哪怕三天打鱼两天晒网，间断一段时间重新开始，归来依然是自律好儿女。

定期对比，更容易上瘾。每隔一段时间，把尝到甜头的拿出来细品，回忆之前不自律的状况，对比自律后的状态，在心里掂量，

糟糕,今天内耗又超标

谁对你好,一目了然。

为了能对比,你得先开启一段自律之旅再说。

自律上瘾,才觉得人间值得;

自律上瘾,才是人间富贵花;

自律上瘾,才真算人间清醒。

03

自律星人的时间术

津巴多研究,能幸福和成功两手抓的时间观是,对过去,要高度积极;对现在,要适度享乐;对未来,要有中等偏高的目标导向。

这段时间,我又对我的日程本进行了大刀阔斧的升级,毕竟我在时间管理方面的更迭是很快的。这次升级的关键词有津巴多时间观、四象限分区、三色复盘。

津巴多时间观

TED上有一个津巴多的演讲:健康的时间观念。

这位极有才华和洞见的心理学家,把人们的时间观分为六种。

1.过往积极时间观。拥有这种时间观的人积极乐观、内心温暖、充满爱心,能够在过去的美好中汲取能量,活得满足又快乐。他们往往聚焦于过去美好的回忆；喜欢收集整理过去的照片、纪念相册，清楚地记着和参加纪念日活动，怀念过去和童年。

2. 过往消极时间观。拥有这种时间观的人回顾过去，会感到经历的一切都很糟糕。活得非常消极、不快乐、郁郁寡欢，同时也很容易有自卑、迷茫和怀疑人生的情绪出现。能先想到的都是一些不快乐的回忆，要么沮丧，要么悔恨，可以用难过、不愉快来概括。

3. 当下享乐时间观。拥有这种时间观的人主张及时行乐，及时满足，喜欢刺激和冒险，不喜欢自我约束。能够享受当下，可以不去想未来，放开去玩，玩得快乐，信奉"人生得意须尽欢"。

4. 当下宿命时间观。拥有这种时间观的人相信一切都是命中注定，不受人为力量的影响，认为努力没有多少意义，觉得"我命由天不由我"。

5. 未来时间观。拥有这种时间观的人喜欢把目光放长远，擅长制订计划和延迟满足，并且相信能够通过自身努力实现目标。乐此不疲地锚定目标，制订计划，执行任务，实现更高目标。认为停下来享乐就是浪费时间，容易焦虑，总是盯着还没达成的目标，很难在当下感受到快乐。常因觉得自己不够努力而愧疚。为了未来成就，牺牲当下快乐，忍住吃喝玩乐，甚至牺牲掉和亲朋好友共处的时光。

6. 超未来时间观。拥有这种时间观的人认为此生此世做的事情是为来生服务，相信轮回转世。

把自己代入进去，高考前我的时间观是当下享乐。初中时写小说、打麻将，高中时看电视、迷动漫，是家附近 VCD 店的高级会员。坏处是没有考上向往的大学，好处是给长大后的我留下过往积极时间观。回忆中自己总是在蓝天白云下，独处时光被兴趣填充，与有趣的好朋友共度欢乐时光。

我的过去当然有挫折、有阴影、有仇人，按星座上的说法，天蝎座记仇。但对我这个记好不记坏的人来说，比起记仇，天蝎座更记恩。而且对于仇事或仇人，忘记或漠然，让自己过得快乐，才是复仇的最强手腕。

高考后我的时间观转为未来目标导向。大学时认真学习，努力考证，提前实习。工作时勤奋努力，琢磨业务，升职加薪。坏处是曾为了工作累坏身体，一度因写作忽略亲人的感受。好处是工作得心应手，写作实现出书梦。

津巴多研究，能幸福和成功两手抓的时间观是，**对过去，要高度积极；对现在，要适度享乐；对未来，要有中等偏高的目标导向。**

我现行的时间观，关于过去，我很积极。关于现在，我既不享乐也不信命。关于未来，我的目标是 50 岁以前写更多的散文，50 岁以后成为小说作者，身体健康，阖家欢乐，人生体验丰富，实际外貌小于真实年龄，过上低内耗的快意人生。

我的日程本就是我的私人秘书，她应该在我现在的时间观上，有则改之，无则加勉，她的岗位职责是：

维持过去积极程度，如多与亲朋好友视频，定期洗照片翻相册，偶尔看看 QQ 空间的照片和文章，偶尔翻翻不同时期的同学录，重温经典，回顾初见的惊艳。

提升现在享乐指数，如做瑜伽、SPA 让自己身心放松，每天和幽默的东北同事唠嗑，回家心无旁骛地陪伴家人，睡前和爱人聊开心的事，在不便旅行的年月里看别人旅行，经常用正念引导自己活在当下。

降低为未来打拼的劲头，如晚上 7 点后暂时"封印"日程本，拉长更文和出书的间隔期，在书单中插入小说、诗集等实用性偏低、享受度颇高的门类，让短期目标少而精，少去画三五年后的大饼。

四象限分区

我的四象限不是紧急重要四象限，而是把每天的**日程本分为四个区，分别是工作、爱好、学习和身体**。

我是个本子控，收藏了各类本子，番茄工作本、时间轴本、习惯追踪本、效率本、心情正能历……后宫佳丽，应有尽有。我从有孩子后，没时间对我的本子们"雨露均沾"，于是便倾向于一年用一本。

工作，我每天会记录非常规工作。常规的就不写了，非常规的写明清晰词条，与 ×× 公司几点几分面洽 ×× 事宜、紧急维护 ×× 网页信息，几点前报送 ×× 表给 ××。为了维持过去积极时间观，在事业低潮期或遇到挑战时，回想以前工作方面的高光时刻。在日程本上注明，回顾第 × 份工作中案例获二等奖，回顾某年评优后的庆祝，等等。为了增加现在享乐，日程本注明：今天累了做 SPA，今天做成某事请客。为了降低未来导向，日程本提醒自己几点睡觉，暂缓哪项不紧急的任务。

爱好，包括写作、看电视、看电影、看闲书、看开放麦、玩剧本杀、和老友语音唠嗑、看娃睡觉、看看八卦、看搞笑视频等。这类事情的特征是，让我心平气和甚至心潮澎湃地沉浸其中，忘乎所以。日程本绝不是充斥着需要鼓起勇气、咬紧牙关、动用毅力去做的待办事项，也需要引进让自己沉醉、欢笑、享受当下的待办事项。这个模块主要是建立在津巴多的当下享乐时间观上，拉高现在及时行乐的布局。

学习，优化行走于世的技能工具箱。比如，声音练习、练字、主题阅读、微精通课题、阅读育儿书籍等。更多是一些"用以致学"的反推。比如，要做好读书会，需要好好发声；要在新书上签名，需要好好写字；要做懒妈妈养出省心娃，要学儿童健康和心理知识。

身体，有人信宗教，我信健康。我每天给自己开处方笺。如果写了"午睡""瑜伽"，那么，午饭后再想和同事散步唠嗑，最多10分钟就回办公室午睡。好几天没吃海鲜了，饭后回到办公桌前吃一颗DHA；连续两三天不锻炼，身心状态欠佳，晚上等孩子睡了，做个睡前放松瑜伽。

每天的处方笺都有差异，需要结合当天以及前几天的实际情况考虑，然后在这一天严格执行。除了每周六，我的每天几乎都与四象限打交道。

三色复盘

曾经我的复盘只是打钩，在没有做或没做完的任务词条后面，注明原因或替代方案。后来，我发现这远远不够。

有一段时间，我复盘把工作分为三类：不必要的工作，标记为红色；必要的工作，标记为黄色；事半功倍的工作，标记为绿色。每天这样复盘工作，可以取得良好成效。

其实结合津巴多时间观来解释，不必要的工作，吃力不讨好，对过去来说，可能成为阴影；对现在来说，让自己受累；对未来来说，没什么建设性。不必要的工作标红，让自己警惕起来，去找证据向领导证明不必做，或提出更好的解决办法；必要的工作标黄，对过去、现在和未来，对其中的一二项，产生积极作用；事半功倍的工作标绿，对过去、现在和未来，都产生正面作用。

这样的复盘，以津巴多时间观为基底，在对一件事的评价上，引入三个维度，更加不负此生。三色复盘法，我仅在工作、身体、学习方面进行，爱好方面尽量随心所欲。就算当晚没空，第二天早上也要抽2分钟想想。这一方法坚持两三天，你可以对时间精力优化配置，成为一个事情做了很多、身心长期轻盈的人。

04

早上 5 点起床 15 年，真正的价值不在于早起

如果你在生活中有一个强烈的目标，就不
需要被逼迫着去做事，心中的热情自然会
把你带到那里。

　　美国作家达蒙·扎哈里亚德斯在《清晨高效能》一书中，回忆了在亚马逊工作时的晨间惯例。

　　凌晨 4 点起床，给自己倒一杯咖啡，开始整理和回顾前一天的销售数据；大约 5 点半，冲个澡，穿好衣服，然后去星巴克；6 点至 7 点 45 分在星巴克写作，然后去上班。

　　这样的晨间惯例，不仅让他完成了大量重要的工作任务，开发数百个网站，还实现了个人的人生目标，出版畅销书，撰写时事周刊。

　　他辞职后，充分享受自由时光，不设定起床闹钟，经常上午 10 点以后才起床，然后上网随意浏览新闻，阅览博客，吃早餐，洗澡

刷牙，收拾好装备，中午 11 点至下午 1 点之间的任意时刻，出门去咖啡馆。

他事后反思这段"自由时光"，觉得完全浪费了早晨的时间，毫无计划和安排，一天的心情被蒙上阴影，缺乏动力，无精打采，感觉既无聊，又焦虑。

他对比了两种早晨打开方式的状态和结果，决定重新重视早晨时间，创建晨间惯例，让自己重回活力满满、精神集中、效率惊人的巅峰状态。

很多人的对比，是从不早起到早起的进步式体验，而我和达蒙·扎哈里亚德斯一样，经历过从早起到不早起的滑坡式体验。

最近不少读者问我，生完孩子后，还能早起吗？

我从大一开始早上 5 点左右起床，坚持了 15 年，生完孩子后，确实"破功"了。

产假前几个月，夜里起来两三次，喂孩子，换尿布，弄完回到床上，有时很久才能再次入睡，只能放弃早起，保证休息时间，睡觉时间尽量和孩子趋同。

随着孩子睡觉越来越规律，渐渐能睡整觉，我的睡眠质量稳步提升，早上自然醒的时间越来越早。

有段时间，我醒来后，劝自己多睡一会儿，有时思来想去睡不着，有时睡个回笼觉，醒来后没有以前早起那种精力充沛的感觉。

那段日子让我活得应激且被动，生活中充斥着大量碎片化时间，独处时光缩短，很难深度思考，想写时写不了，能写时状态差，难以进入心流状态。

这样的后果是，文章没写好，孩子也没陪好。

每周轮到我更新文章，提前几天就感到焦虑。陪孩子时心不在焉，希望她赶紧睡觉，方便我去写作。

我觉得必须调整作息，重启生活，早起是我想到的第一个抓手。这个抓手以前多次抓住往下掉的我，先定在原处，再蓄力往上爬。

我是这样多措并举地恢复早起的。

一、重新定位早起的意图

《心中之光》的作者罗伊·班尼说过，如果你在生活中有一个强烈的目标，就不需要被逼迫着去做事，心中的热情自然会把你带到那里。

大一时早起，因为想提高成绩；实习时早起，因为想迅速上手；工作后早起，因为想长期写作。这次产后早起，想获得安静的整块时光，要么做一些修复身体的运动，要么做一些高质量的输出。

二、保证睡眠时长和质量

以我长期对自己的观察，我夜间需要 6~7 个小时的睡眠时间。新增了集体力活、脑力活和情绪控制于一身的育儿重任后，现在我需要睡 7.5 个小时，于是晚上 10 点前，借着困意的势能快速入睡。

如果你仔细观察自己，应该知道晚上大概几点会有困意。困意来了，有人才去刷牙洗脸或洗澡，会把困意洗没了；有人玩会儿手机看看热搜上的新闻，会把困意惊没了，只能等下一波困意驾到。

我下班回到家，先洗手和洗脸，用热的湿毛巾擦头发，换上家居服。然后陪孩子，吃晚饭，尽快洗澡。随着时间推移，逐渐把家里电器的声音调小，光线调暗。我发现哄孩子睡觉约等于哄自己睡觉，把手机和眼镜留在客厅，手上戴着手部按摩器，睡前状态会互相影响，给孩子讲故事，唱慢歌。我讲着唱着，心绪放松，容易进入甜蜜的梦乡。她听着我均匀绵长的呼吸声，也更能安心睡着。

同样的睡眠时长，把晚上疲惫的时间用来睡觉，置换出一段早上清醒高效的时间，简直捡了大便宜。不要克扣睡眠时间，睡够睡好，第二天才能容光焕发地早醒早起。

三、做好早起的后勤工作

婴儿基本上3~4个小时是一个作息周期，根据她吃和玩的时间，大概预测出睡眠时间。

在她自己玩或家人陪玩时，我拿出效率本，计划明天的待办事项，准备明天上班要穿的衣服。检查包里资料物品是否齐全，有无备用口罩，把鞋、袜、帽备好。因为早起后到上班前的1~2个小时，是我每天的高光时段，准备越充分，第二天早上越从容，越自在。

四、创建合身的晨间惯例

有一个词叫"决策疲劳"，一个人所做的决策越多，决策的质量就越低。所以早起后设置晨间惯例，开启自动模式，无须动脑做决策。

我看过 200 多位古今中外精英的晨间惯例，发现晨间惯例丰富多彩。

星巴克的原首席执行官霍华德·舒尔茨，每天早晨 4 点半起床，先给员工发邮件，再锻炼 1 小时，遛他的三只狗或骑自行车，回家和妻子喝杯咖啡，再去办公室。他表示这让他有能量、精力和毅力，去迎接每天不可避免的挑战。

畅销书《每周工作 4 小时》的作者蒂莫西·费里斯，是天使投资人、顾问、企业家、记者、跆拳道运动员。他曾探索世界上最成功的一群人的晨间惯例，亲自体验并测评这些活动对自己一天的影响，最终决定留下 5 项：铺床、冥想、锻炼、补充水分和写日记。我带着好奇看看他喜欢铺床的原因，他说："铺床能给自己带来掌控感。在一个充满不可测和不受控的变量世界里，用微小的胜利开启新的一天，也可以在一天结束时，回到这件已完成的事情上来。"

不同时期的意图和状态，让我去摸索适配的晨间惯例。有时候，注重早起仪式感，拉伸身体，泡花草茶，正念练习；有时候，头天把文章开头写好，起床后马上就进入写作状态。

现在早上醒来，问自己几个问题：感觉疲惫吗？头脑清晰吗？压力大不大？答案是负面的，就让自己再睡一会儿。答案是正面的，就迅速起床，称个体重，喝口温水，工作日的早晨，时间少一点就做个运动，时间多一点就看几页书，时间再多一点就写文章。周末的早晨就静心写作。

恢复早起，福利满满。

效率高了。减少拖延症，诱惑因素少，没有太多选择，注意力更集中，能事半功倍地做好手头上的事。而且这种主动感，会顺延到接下来的思维、工作和沟通中。

怨念少了。没早起时，不由自主地想到没做之事，希望孩子别闹腾，赶紧睡；早起以后，高效做完想做要做的事后，更能心无挂碍地陪伴她。没早起时，觉得陪孩子是义务；早起后，觉得陪孩子是奖赏。

约翰·列侬有句歌词是："生活就是当你忙于制订其他计划时，发生在你身上的事情。"而早起的时间完全可以用来做你计划中想做的事。

孩子的到来，不由分说打乱了我坚持15年的早起秩序，但这也让我重新反思：早起最有价值的部分是什么。

我看过瑞士和比利时的研究报告，针对早起者和晚起者的大脑活动，参与者每晚的睡眠时间都是7个小时，但前者比后者早4个小时起床。研究人员发现两组参与者在执行一系列任务时的表现差别不大，但还是倾向于认为早起者更高效，因为早起者带着意图采取行动。

《一日之际》里有一段话，我越长大越赞成：无论你是早起鸟还是夜猫子，只有在你起床之后，你的清晨才真正开始，这个时间可能是早上6点，也可能是晚上6点。无论你何时起床，醒来后你总会拥有1个小时左右的时间，这1个小时左右的起床后时间为其余的时间奠定了基础，这并不意味着你必须早起，它的意义在于，**你应该利用你的清晨，去完成你认为最重要的事情。**

早起真正的价值，从来不是几点起床，我认为是经过一夜休息后元气满满地醒来，到被赋予社会使命之前的一两个小时的晨间惯例。

为此，你需要提高睡眠质量，做好早起的后勤保障工作，不断调试出适合自己的晨间惯例。

在安静且生机勃勃的清晨，脑速奔腾，心神宁静，我怀着浓烈且隐秘的心愿，把一天中最高亮的时光献给自己。

05

自律十二时辰，希望有颜有钱还有趣

我像打游击战一样，怀着坚韧不拔的决心，挪动作战区域，调整时间精力，让自己在事业和家庭中巧妙平衡。

《长安十二时辰》的作者马伯庸，把拯救长安的十二时辰，安排得如此精彩纷呈，紧凑巧妙。

有位读者朋友生了孩子后，不知道该怎么管理时间，希望我分享一天的时间内容以做参考。金风玉露一相逢，一篇以"自律十二时辰"为选题的文章，在我心中酝酿。

卯时：5点~7点

5点起床后，遇到夜里醒来的婴儿，只能放下对早起的执念。孩子睡整觉，我5点左右早起输入或输出；孩子醒两次以上，我按掉闹钟再睡半小时，之后打车上班。有娃以后，我从计划精力的恒纪元，变成了以孩子当日需求为导向的乱纪元。

睡眠难以一觉到天亮，醒来后经常会延续睡眠惯性。负责基础生理功能的脑干已苏醒，但负责决策和控制肢体的前额叶皮质还发蒙。我现在每天醒来，先花时间识别大脑状态，清醒且有表达欲，就抓紧时间写作。否则就站在阳台上，让自己在五六点已天亮的窗前，呼吸、吐纳、伸展，缩短睡眠惯性。接着，看书保养精神或锻炼保养身体。卯时，除了写作阅读，在护理身体方面，一直被我委以重任，我会根据当日状态和出门时间余额，挑以下的一些事情来做：

清晨如厕。结肠蠕动在清晨很活跃，上厕所不玩手机。

口腔护理。不要只重视刷牙，科学发现舌苔、牙周病以及胃部幽门螺旋杆菌是口气的主因，想口气芬芳，就得认真刷牙，轻刷舌面，定期体检。

眼周护理。有时候醒来觉得眼周发紧，眼皮沉重，就贴一副中药眼贴，10 分钟后再洗脸。

皮肤护理。温清水洗脸 + 水 + 乳 + 隔离防晒，哪怕洗护产品整体消费降级，脖颈也要擦水乳（最好是水 + 颈霜）。模仿《一吻定情》片头，仰头故作亲吻状，紧致下颌线，另外，在发际线和发缝处涂抹头皮精华并轻柔按摩。

碎片健身。刷牙或擦脸时，伸长脖颈，头顶找天，打开双肩，踮起脚，收紧臀部，放下脚后跟前先靠拢脚跟再放下。

不要只顾着给皮肤打底，体态的打底更重要。出家门后直到出小区，全程保持腹式呼吸，让自己开朗、开心、从容地迎接新的

糟糕，今天内耗又超标

一天。

辰时：7点~9点

坐上车后，把看手机的眼睛解放出来，非要使用，尽量挑红灯停车时间看手机。车开到开阔空间就向远看，路上改成听课或听书。

到公司附近，我和同事相约吃早餐。脑力劳动者的身体，难以区分大脑的困顿是由于休息不足，还是血糖不足。反正早餐一定要吃。理想早餐包括谷物、蛋肉乳、新鲜果蔬，我一般果蔬不达标，让自己养成头天往包里塞水果的习惯。周末在家的早餐，我会买方便粥，用养生壶10分钟搞定，倒出来凉着，然后把头天备好的绿叶蔬菜焯水，再煎个蛋，两片全麦面包夹着蛋和蔬菜一起吃。

我基本上是最早到办公室的，等待开机的时间，泡好朗姆果茶或接好温热水。提前进入预工作状态，把上午的工作要点和顺序厘清后，开始向最急切或最重要的事情下手，没有二话。同事陆陆续续到位，我基本不会停下手头上的工作。

巳时：9点~11点

这段时间很少有插队的急活，一般是做比较得心应手的常规工作。如果遇到要和同事或其他公司人员沟通的情况，我会记下来，等10点半左右，统一打电话联系，有时直接去同事位置上，站着沟通。看着自己的待办工作被逐一打钩或标注，有一种满足的喜悦。40~60分钟后，活动下颈椎，去洗手间，梳个头，闭目或远眺，给自己的精力递减曲线增加一个向上的小脉冲。

午时：11 点~13 点

准备上午工作的收尾部分，在自己能自由安排的情况下，没有紧急任务加塞的话，做点相对不费脑的工作。对下午工作的自己，记下嘱咐和备忘。和同事约着吃饭，聊聊工作，聊聊生活，不亦乐乎。中午在外面就餐，选择不太多，力求多元化，不要吃撑，细嚼慢咽。

我的午餐通常碳水多，蛋白少，调料重。不足之处，等晚餐弥补。我的办公桌抽屉里有些补充剂，几天没吃海鲜，就吃粒 DHA，午餐没吃蔬菜，就吃粒维 C。我的美牙同事，吃完饭回办公室必刷牙。我主食吃得多，再加上爱吃土豆，土豆不是蔬菜而是主食，主食吃得更多了，所以要少吃甜水果。饭后我喜欢和同事到附近小广场散步，看看小喷泉，闻闻青草香。

但我要去的话，走到小广场就折回来，控制在 15 分钟内，因为午睡才是午时的头等大事。办公室有沙发，我用无纺布床单垫上，拿出毯子和眼罩，一般睡 20 分钟。有时醒得略早，办公室没人时，就做几个箭步蹲、开合跳、侧转体的动作；办公室有人时，我试过到通风好的楼道去做。10 分钟就血气上涌，为工作状态铺好大道。

未时：13 点~15 点

经过午休，元气满满地继续工作。我发现这段时间常会接到问题反馈，或者是领导临时递来的烫手山芋。我对 2 点半后的工作情绪有所戒备，这是我一天中的压力巅峰：一方面，自己的精力和意志力处于递减态势；另一方面，这个时段相对频繁地面对很多工作上的外源性刺激。一个又一个截止日期，一波还未平息，一波又来侵袭，同事间偶尔还会出现情绪或语言上的擦枪走火。

这个时候，与其说是干活，不如说是赶活。在职场中好好倾听，好好说话。别让压力一直如"山大"，而要让压力即有即放。如果有时间，赶紧揉揉头，捏捏肩，让紧张的肩颈柔软下来，让紧绷的头皮松弛片刻。

申时：15点~17点

这个时候，我会小饿小困，翻包或抽屉，找健康零食来吃，如水果、坚果综合包、牛奶或巧克力。我身边同事看我吃东西，热情地递来虾片、薯条、麻辣豆腐干，我敬谢不吃。

我看到超重的男同事喝运动饮料，在此分享我看到的研究结论：运动饮料糖分很高，它是给运动员运动时喝的，不是日常饮料。温白开水才是健康饮品金字塔的塔尖，三四点后减少饮水，不然下班路上膀胱受累。

酉时：17点~19点

开始进行工作收尾，有时间的话总结下业务新知，把明日待办和注意事项罗列好，爽快关机。远离加班成瘾的一线城市后，能准时下班，脚步都轻两斤。

和同事说说笑笑走去坐车，上车以后，我偶尔眯一会儿，偶尔听音乐，最近听科幻小说。

我坐车不直接回家，车到商场我就下车。散会儿步，听首歌，找个咖啡馆开始写作。

现阶段，家里有爸妈做饭带娃，我老公的上班时间和下班回家时间比我晚，我下班后找个咖啡馆写作，基本和他同时回家，全家一起吃饭。

有时我需要喝两口咖啡，喝不完的打包带给老公喝，但通常喝牛奶。以前写作总觉得要带着笔记本电脑才能写，其实直接在手机上写作也行，效率不输电脑。回家闹钟响，再坐一程车，路上听段子、相声或脱口秀，把最好的心情调动起来，马上要回家陪孩子了。

戌时：19点~21点

回家后先和女儿玩闹一阵，然后和爸妈一起在说笑中吃饭。我爸做的饭，丰富又营养，清淡又好吃，我早餐和午餐不够的蛋白质或蔬菜，就在晚餐补回来。

饭后和老公推着孩子出去散步，和小区里的有娃家属亲切交流。

回家后，边和孩子玩，边准备第二天要穿的衣服，要带的坚果或水果。给孩子洗澡，然后自己迅速洗漱。陪孩子上床，聊聊天，讲讲故事，趁她自己玩，我就做点自己的事。比如，按摩迎香穴，淡化法令纹；按摩咀嚼时下颌活动的肌肉，避免脸部发腮；做脸部倒立，躺在床上，把头移动出床边，垂头躺着，有利于面部血液循环。锻炼腹横肌，让小腹更紧致；练习猫式瑜伽，活动整条脊椎……平时看的小视频：日本最牛瘦脸操，乳腺增生的瑜伽动作，反正标题夸张。我很少认准一个视频长久坚持，想做什么就做什么，有时孩子会安静地看我做。如果她早于我睡着，我就看书。其实我也累了，看不了几页，也就睡了。

亥时、子时、丑时、寅时：21点~次日5点

最近一段时间，晚上我基本9点半睡着。卧室里尽量避免人工光源，小夜灯、空气加湿器荧光屏幕、手机充电器亮灯，通通灭掉，谁也不准干扰褪黑素的分泌。

以上，就是一个有娃、要工作、要写作、要独处、要维系家人的人的自律十二时辰。这样的一天，不算最好，不算最差，属于中上水平。北方的睡眠时间，东部的起床时间。北方的上班时间，南方的下班时间。

有点不容易，对不对？有孩子以后，生活有限制，但我在限制中，尽量想办法突围。我像打游击战一样，怀着坚韧不拔的决心，挪动作战区域，调整时间精力，让自己在事业和家庭中巧妙平衡。

有人觉得"没有办法"就算了。而我，在没有办法中找办法。因为我一定要把期待中的自己活出来呀。哪怕行色匆匆，但我步履坚定。

06

这些时间管理小提案,让你又忙又美还不累

好的时间管理,是要快的时候能快得起来,要慢的时候能慢得下来,在做必须做的事情时快得起来,在做想做的事情时慢得下来。

有一天看书看到这么一句话:人生可支配的前 10 万个小时是最有用的。

比如,张爱玲最好的作品写于二十来岁的时候,莫扎特、拜伦、雪莱、凡·高都是在 40 岁之前有代表作的。所以趁你二三十岁的时候,趁早学会时间管理,给自己留下"代表作"。

在工作中,你可以试试这些方法:

物色一个顺手的时间管理工具。可以是纸质笔记本,如效率本、时间轴本、日程本,也可以是手机 App 或电脑软件,如滴答清单、日程管家等。这些工具最重要的使命,不仅仅是帮你罗列待办事项,

而且能帮你找出优先级顺序。

养成给任务分优先级的习惯。大多数人对于即时刺激只是被动回应，不会沉淀任务的优先顺序再处理。有时候生活像打地鼠游戏，琐事、会议、消息像地鼠一样，不停地冒出洞口，等着你打下去。要挑大的地鼠打，其实把一天的重点工作做完，今天就过得很充实。一个任务过来，自己脑中设置一个流程图，这件事紧急吗？如果是，就留住。如果不是，再问：这件事重要吗？是就留住，不是就扔进回收站。

书写时，建立一套只有自己懂的暗号。如果你像我一样，用趁早本、纸质清单或手账的话，你可以建立一套只有自己懂的暗号，如暗语、符号、标记和图像。《子弹笔记》里，作者会用米字符号和三角符号代表重点，用感叹号代表灵感。不必写很多的字，本子是服务效率的，不该过多占用你的精力。

做完一件事，再做另一件。明尼苏达大学苏菲·勒洛伊教授有一个理论叫"注意力残留"，就是当你突然放下一项任务，转而去做另一件事情时，其实还有部分注意力残留在刚刚的任务上。如果没有其他紧急的事情插队，最好按照你的优先级，做完一件，再做另一件。

把自己的工作区域保持整理得当的状态。我曾在一本书里看到一段话："成功的人，会将自己的桌子、所有物、日程安排全部打理得井井有条。"办公桌的整理，先清点，再按使用频率排序，最后有功能重复的就留下最好的。经过整理，你会发现，真正需要的物品，最终只有一小部分。把这些东西放进抽屉，上层抽屉放文具类物品，中层放手机等私人物品，下层放文件资料。文件资料分为今天要做的、有截止日期的、无限期的。整理不必严丝合缝，不必整整齐齐，要准确知道在哪儿，能够立即找到，用完马上归位。

在创作中，你可以试试这些方法：

拖延症的你，请把座右铭定为干就完了。瑞典作家奥洛夫·维马尔克，以前很郁闷，因为他的任务清单总是做不完，后来他就换了一台老式打字机，内容无法编辑，只能硬着头皮写下去，不然就得从头写。他发现效率变高的同时，质量也变得很高。同是作家的吴淡如也说：你不要拖，只要你想写，在 1 分钟之内，一个深呼吸之后就可以写。别想那么多，先干再说，完成框架后，再修改细节。

创作型工作需要一个神助手：双流原理。斯科特·扬提出的双流原理：一流是创造，怀着乐观的心态，发散的思维，拓展思路，进行创造，自由发挥。一流是摧毁，带着批判的眼光，清晰的逻辑，保持专注力，删减增补完善方案。这个理论我运用多次，大大加快了我写文章的进程。要写一篇文章，我的思维先发散开来，想到什么就写下来，一口气写完，然后我的思维再批判起来，如这点很多人知道，没有新意，删；那点太过理想化，对别人的生活帮助不大，删。这样"双流"下来的文章，会往又快又好的方向靠近。

在生活中，你可以试试这些方法：

体育锻炼会帮你提高单位时间的利用率。人在进行高心肺功能训练以后，脑袋也会更加清明。我观察很多厉害人士，他们都会定期运动，如果方法和强度适合你，运动后的你头脑缓存被清空，会让你接下来的工作效率高到夸张。

重要的事情，说三遍不如写一遍。动手写字所带来的触觉训练更能刺激大脑，同时激活大脑中的多个区域，所以重要的任务，就算在纸上简单写几个字，印象也会更深刻。而且你在手写时，大段摘抄手会酸，需要精简语言，用自己的话去概括，顺便增强理解和联想。

工具控们要克制自己本末倒置的冲动。《神奇手账》的作者说不必高频换笔，用多彩笔，每次按键换色，发出的咔嗒声可以调节心情。他的手账常用 4 种颜色，含义不同：

蓝色代表工作，因为蓝色代表冷静；绿色代表私事、娱乐计划或令人期待的预定行程；红色代表健康，红色是生命的颜色，也有危机管理的意思；黑色代表杂事，暗示自己以平常心来做。

我有时候会有点文具控的轻重倒置，喜欢买笔买本，在找笔找本上浪费了不少时间。如果是用来做时间管理的工具本，请以效率为先。

另外，如何运用"不得不"的时光，决定你会成为一个什么样的人。有一次我回老家和初中的班长相约吃饭，我特别兴奋，很早就出发了。

因为我想看看这座城市的变化，所以没坐地铁，选择坐公交车，没料到每站都堵车，我为迟到 20 分钟而道歉，她让我不要内疚，因为她在等我时，坐在甜品店里看 Kindle（电子阅读器）。她从小就是学霸,去中国台湾交换,去英国留学,成绩好,工作棒,她就是会把"不得不"的时光充分利用好的人。

还要优先选择能够帮你并行时间的消费。我经常光顾一家理发店,店主非常安静,如果我不开口说话,他就默默剪头发,几乎不跟我说话。多次磨合后,他懂我理发的需求,每次剪头发,我摘下眼镜,闭目养神。后来有一次我看到一本书,作者说,理发时可以冥想,不过要找安静的店。我一下子特别感谢那家安静的店,让我同时完成理发和休息这两件事。

女人可以试试这些方法:

女人千万不要需要陪、习惯等。我的朋友天天写过一篇文章,说她和朋友外出吃饭,她们在那家饭店又排长队,又等点餐,又等上菜,她中途想换个地方吃,但她朋友就觉得等着吧。她说的事我很有同感,因为我也发现,生活中很多女生容易需要人陪,习惯等人。学生时代,上个厕所也要你陪我我陪你,吃个饭也要你等我我等你。工作后尽量试试一个人去做这些事吧,全权掌控事件的进度,是一件很爽的事。

爱买买买的女人更要学会买时间。萨缪尔森在《经济学》中有句话:"即使是打字速度比较快的律师,也还是雇一个打字员比较好。"

时间是可以购买的,让专业的人做专业的事,如定期请钟点工,给家里来个大扫除。

对我来说,非核心业务可以买专业人士的时间,但在乎的人和在乎的事，还是亲自来吧。

以前我觉得我生完孩子后在产假中会请月嫂和育婴嫂，但其实我只是让月嫂来帮我过渡身体尚未恢复的阶段，然后我就主力带娃。因为我觉得照顾孩子是一件不可逆且让我享受的事，产假结束后，我这样陪她的时间就没有了。

随时进入状态，也可以随时离开状态。最近很多读者问我，边带娃边写文，时间都从哪儿来。首先每个人的情况不一样，每个小孩的需求度也不一样，如果你的孩子生病，作息不规律，你管不了时间，只有娃管你的份儿。我现在的心得是，一定要培养自己可以随时进出状态的能力。

像我小孩现在半岁不到，差不多以 3 个小时为一个小轮回，她吃完奶后，需要我抱着消化一下。她吃完奶半小时后我会高度参与，帮她做被动操，做早教，练追视，练抬头，陪说话。然后是她的游戏健身时间，我只需要低度参与，帮她摆上钢琴健身毯，她手有抓的，眼有看的，脚有蹬的，我在旁边可以看书、做笔记、写文章提纲或灵感等等。等她睡着，我确保有家人看着她，或把她放在安全的床上，就开始进入写作状态。因为不知道她什么时候醒来，什么时候哭叫，反而我每次趁她睡着的效率高到我自己都吃惊。她一有动静，我可能连文档都没时间保存，就马上去看她。

好的时间管理，是要快的时候能快得起来，要慢的时候能慢得下来，在做必须做的事情时快得起来，在做想做的事情时慢得下来，会珍惜时间，更会享受时间，做时间的朋友。

07

每天坚持低强度自律，人生反而达到新高度

生活中如果只剩下被动承受的东西，日子就没有盼头，我需要做些主动出击的事，哪怕再小，强度再低，也让我感到抓住了些东西，这些东西让我心安。

最小化自律，生活再无常也有掌控感

我出月子时，打算轰轰烈烈地开始产后恢复训练。但事与愿违，成为新手妈妈后，时间被划分为以3个小时为区隔的时区，带娃的忙碌和身体的病痛，让我的时间和精力余额不足，产后恢复一拖再拖。

我是一个被自律全方位塑造过的人，没有自律打底的生活，让我觉得没有安全感。于是我在想，关于产后恢复，强度最低的最小化自律行为是什么？

1. 做腹式呼吸，不管躺着或站着，只要没事都可以做。每次做

上几个，就能有效缓解我被孩子哭闹引起的焦虑感和无力感，平和心情，缓释焦灼，减少浮躁。

2.用力式呼气，《产后身体革命》一书中说，核心锻炼是让妈咪肚恢复平坦的最佳方法。在很多产后运动中，我挑最软的柿子捏——调整呼吸。

改掉负重时屏息的习惯，在任何要用力的时候，如从沙发上站起来，把孩子抱起来，抬起略重的水壶时，以向眼镜上呼气的力度缓缓呼气。

这招我做起来得心应手，之前我练习孕期瑜伽，老师在发力的动作前，提醒要呼气；在保持动作时，提醒要吸气。

当生活节奏被打乱后，当时间紧张、事情繁杂时，我把产后恢复精简成两个简单易做不费劲的动作。

肚子平坦了些，体重减轻了些，看来坚持最小化自律，还是有作用的。其实更大的作用是让我觉得人生没有失控，虽然手忙脚乱，应接不暇，但不至于把我多年维持的生活方式和理念全盘抛弃。

在我看来，生活中如果只剩下被动承受的东西，日子就没有盼头，我需要做些主动出击的事，哪怕再小，强度再低，也让我感到抓住了些东西，这些东西让我心安。

最小化自律，是攻克"懒癌"的秘诀

《养成自律，从来都不靠硬撑》这本书里提到 0+1+N 行动法是懒癌的克星。0+1+N 行动法是指确定了要养成的习惯或要完成的任务后，向前迈出一步即可，走完一步后，再决定是否继续走下去，不愿意的话就停止，愿意的话则继续再走一步，直到自己愿意结束为止。

很多人觉得坚持写作好处很多，但难以坚持下来。

我这个业余写作 8 年的人，似乎从来没有给自己规定过每天要写几千字的宏伟目标。

我通常是有表达欲之后，给自己一个轻量级的小目标——今天写个开头。

开头写好后，当天状态佳、精力足，往往会一鼓作气写完文章初稿；当天状态差、没时间，就顺延到第二天再继续。

一个轻量级的小目标，会帮我轻松跨越万事开头难的开头，把头开好，后面就轻松了。

作者的话引起我的共鸣：我们想让自己完成某个任务或养成某个习惯，最大的败笔是极为重视数量，却没有触及真正的核心，而习惯养成的秘诀恰恰在于重跨度，轻强度。

最小化自律，就是把火力集中在从零到一上，行动先行，数量随缘。当你降低行为的强度，不定较高的难度壁垒，给执行层面更多灵活性，反而能相对容易地坚持下来。

最小化自律，打破坚持不下去的常态

和菜头曾在文章里自省说，人生中绝大多数事情，他都坚持不下去，他身上拥有全人类最大的特点——懒。

多年以来他孜孜不倦地试图克服身上的懒惰，但是从来都是被懒惰成功地征服。

他认为，凡是需要坚持去做的事情，最后多半坚持不下去，坚持下去是人生的偶然，坚持不下去才是人生的常态。

对他来说，每天坚持做的只有三件事：第一件，每天早上8点20起床，拍一张天空照，不是为了拍摄，而是用这个方式，强迫自己的生活尽量规律一些。第二件，每天刷两次牙，因为喜欢吃，如果牙掉光了，许多美食就无缘品尝，万一自己活得很久呢？第三件，每天睡前用几分钟时间，想想自己这一天都干了些什么。他说，坚持做好这三件事情，已经非常不容易。

对很多人来说，这也坚持不下去，那也坚持不下去，长此以往，会对自己产生负面评价。

其实自律和坚持没有统一标准，完全可以从不费吹灰之力的生活小事上给自己信心，小事上能坚持，比小事大一点的事说不定也能坚持。

最小化自律，持之以恒后受益巨大

有段时间，我有空就翻2页九边的《向上生长》。他说自己一年过完，除了正常的上班，好像没有做过几件让自己感觉"今年没白过"的事情。因为做过的事，都坚持不了多久。

但有几件事，他却坚持了下来，变成了习惯。比如，坚持每天看 20 分钟的纪录片，每天看 3 页书，每天溜达半小时，每天写几百个字。

他还每天做 5 个波比跳。他看到 B 站上有个男生每天做 10 分钟的波比跳，快速减肥，增强心肺，他也照做。他给自己的任务量，从 64 个下调到 10 个，最后定为 5 个，最后坚持了下来。他的目标现在还是每天 5 个。如果当天状态差，就随便做 5 个；如果当天状态好，就多做几组。

每天看 3 页书，做 5 个波比跳，看上去像是闹着玩似的，可实际情况是，本来计划看 3 页书，看完之后有事就去忙，没事就多看会儿，很快看完一本书；本来打算做 5 个波比跳，做完不过瘾，又做更多个。

把每天的自律目标定低，不产生多少心理障碍，不需要太多毅力。看上去闹着玩似的的小习惯，持之以恒后，产生巨大的复利收益。正如九边自己的感慨：如果做一件事情，只能坚持一周，这件事再轰轰烈烈，也没有什么可炫耀。而一件无足轻重的事，坚持了几年，甚至十几年，会产生翻天覆地的效果。

做一件低目标、低强度的事，容易开始，容易坚持，每天坚持最小化自律，会让你达到新高度。

当我们谈自律的时候，如果都是高强度、持续性的自律，会让我们对自律望而却步。其实，我们也可以谈谈低强度、碎片化的最小化自律。因为懒惰和拖延是人性中的必然，没时间和没条件也是环境中的必然。

如果你原本的自律生活被打乱，如果你是自律门外汉或入门者，最小化自律简直就是为你量身打造。别说今年不看 100 本书誓不为人，把书放在手边每天翻看 2 页试试；别说今年不减 10 斤肉不换头像，不吃每顿碗里的最后一口饭试试。

这些年，通过对人对己的观察，我发现有些人最开始想做一件大事，结果三天打鱼两天晒网，最后都会不了了之；而最开始只让自己坚持最小化自律的人，人生反而达到新高度。

为什么？

因为最小化自律，没有多少心理负担，不用多少心理建设，无须多少意志训练，轻松从容地开始，跨越万事开头难的开头后，往往在惯性的作用下，顺其自然地做完超越期待的任务，让坚持变成一件难度系数很低，甚至享受的事。

我很相信一个公式：最小化自律 × 每天 = 人生新高度。就算只坚持最基础、最节能，类似起步价式的自律，你也会觉得生活的方向盘，还一直在自己的手里。

Chapter 4

沟通提案
所谓"言值"高，就是会好好说话

真正的高手，说话目的性很强。
他们很少因为支线上的杂事或意外，耽误主线上的专注，脑子里时刻绷着"要把想做的事情做好"这根弦，于是说话轻重分明，突出重点。
说事的基本逻辑是，明确主题，先说结论，后说原因，再谈建议，每个环节若有多种情况，就分点说明，三四点足矣，不要贪多，最好有升序或降序的层次结构。

01

你的情商低就低在，说话缺乏"目的性"

他们很少因为支线上的杂事或意外，耽误主线上的专注，脑子里时刻绷着"要把想做的事情做好"这根弦，于是说话轻重分明，突出重点。

所谓说话情商高，就是说话有目的性

百度 AI 开发者大会上，李彦宏在演讲中突然被一男子浇水。

当时李彦宏正介绍百度在无人驾驶汽车领域的进展，面对突如其来的状况，他表现淡定，疑惑大于愤怒地问了一句："What's your problem?（你怎么回事？）"

男子被带走后，观众才意识到，这是一个突发状况，李彦宏迅速调整情绪，他说："大家看到在 AI 前进的道路上，还是会有各种各样想不到的事情会发生，但是我们前行的决心不会改变。"现场响起了热烈的掌声。

这件事发生后，很多文章称赞李彦宏能控制情绪，但在我看来，演讲者与捣乱者激烈撕扯才反常，因为人们更容易在公共场合控制好自己的情绪。

我觉得李彦宏的厉害之处在于，就算现场发生意外，还把意外和主题做了关联：把现场意想不到的泼水事故，比作事业前进路上难以预估的障碍。这是他对活动目标的念念不忘，必有回响。

从这件事中，我得出的结论是：**真正的高手，说话目的性很强。**

他们很少因为支线上的杂事或意外，耽误主线上的专注，脑子里时刻绷着"要把想做的事情做好"这根弦，于是说话轻重分明，突出重点。

有人说，所谓情商高，就是会说话；我觉得，所谓会说话，就是说话有目的，根据目的说效率最高的话。

所谓业务能力强，就是说话有目的性

美剧《傲骨之战》有一集，在庭审中，法官特别重视和陪审团成员们的互动，于是，双方律师不约而同地使用更少的法律术语，用更生活化的语言询问证人。

阿德里安在整个询问过程中，用情绪充沛、幽默聪明的辩词，赢得了陪审团的好感。

他站得离陪审团很近，试图拉近心理距离，放慢语速，故意煽情，和陪审团有更多眼神交流，朗读证据时更加抑扬顿挫，发言完毕，陪审团为他鼓掌。

美国传播学者有个研究，小布什是个精明的演讲者。听众中女性居多时，他会强调理解、和平、安全和保护，使用更多带来安全感的概念和词语；男性关注居多时，他会炫耀军事行动，强调幽默感。

有一次听奇葩团队的"当众表达"课，黄执中说："根据演讲的场合和目的，决定目标听众，然后选择演说策略。"

是该选择引起更多人共鸣的多数顺应，还是吸引有决策权的人的权力顺应，或是让理解力最差的人听懂的少数顺应？

黄执中在需要多数顺应的场合，上场时先观察听众的性别比例，然后同一个意思，有不同的说法：

如果现场女生居多，他会切换成女性视角：如果我今天有个男朋友，我也看不惯他天天打电动。

如果现场男生为主，用他原初的男性视角：我也觉得打电动，不是什么太好的事情。

辩论选手马薇薇在需要权力顺应的场合，如在马来西亚的一次辩论中，那场比赛她询问对手完全不留情面。

比赛结束后，队友问马薇薇发生了什么事，刚刚是不是太冲动了？马薇薇说没事，因为在场上，她刚质询时就观察评委的反应，每当自己辩论得更凶狠时，多数评委会频频点头，所以她觉得评委们喜欢这种风格，所以她的凶狠，不是失控，而是精准调整的一种结果。

对律师、政客和辩论选手来说，说话是他们的核心业务能力，他们说话之前，就有清晰的说话目的——赢得官司、赢得选票或赢得比赛。观察说话的目标受众后，选择最为恰当的说话策略。

所谓感情关系好，就是说话有目的性

作为天蝎女，我曾经在感情中，把正话反说、口是心非、故作高冷运用到极致。

刚结婚那阵，老公下班到家，我正在做饭，他问要不要帮忙，我心里暗自期待就算不帮忙也来旁边陪我聊天，但嘴上只说不用了。

他去客厅看电视，我边炒菜边窝火，还没吃饭，就已气饱。吃完饭，老公终于发现我不对劲，问我是不是生气了，我又觉得承认为这点小事生气很没面子，于是口是心非地说没生气。

悟性欠费的他果然又信了，该吃吃该玩玩，我在心里把这个没眼力见儿、不解风情的人埋怨了一百遍。

等他确定我生气，我忍无可忍骂了几句狠话后，就拉开冷战序幕，任他认错道歉，我故作高冷。

这系列戏码重复上演，每次都把我折磨得肝郁和失眠，我开始自省，就是因为我说话声东击西，真假难辨，心里想一套，嘴上说一套，模糊了内心的诉求，增加了沟通成本，这种高内耗的沟通方式也在消耗着我们的感情。

我结婚之后的一大心得就是，学着在家说话带着目的性。

我的目的是家庭氛围好，夫妻感情好，针对我老公这个粗线条和直肠子，我最好不绕弯子地有话直说。

心里缺爱就直接说需要你陪，不再故意叫人走开；心里吃醋就承认你很有魅力，不再叫嚣着不在乎。

脑子里绷着"氛围好、感情好"这根弦，显著降低了为了琐事争吵的概率，装修选家具，吃饭挑餐馆，觉得家人心情更重要，如果人不开心，买到最好看的家具，找到最好吃的馆子，也没心思享受。

感情里有多少人，心里明明希望和对方亲近，却用难听的语言，把对方推向无穷远。

常常有读者给我留言：
"我和最好的朋友闹掰了，我很后悔说了那些伤人的话。"
"我和客户沟通修改意见，结果我没控制好情绪失态了。"
"我和对象吵架了，我觉得自己有错，但又拉不下脸来。"
....

在我看来，学会带着目的说话，能解决其中很多问题。有效避免放狠话的后悔和内耗，就算情绪上头，也能好好说话；知道心中的目的优先级，情谊和面子孰轻孰重，真相和气氛哪个重要，很多困惑不攻自破。

有人可能会觉得，带着目的说话，感觉很有心机，而且很累。

我们讨厌的是损人利己的目的，以及为达到这种目的不择手段。而目的正当，能实现双赢；手段正当，选择好方法的美好"心机"，只会嫌少不会嫌多。

说话带有目的性，不是让你伪装自己，迎合别人，见人说人话，见鬼说鬼话，而是自我诉求和对方需求相叠加后，选择更高效率、更少误会的说话方式和说服方式。

以前跟我合租的一个小姑娘，有一次知道部门新人的工资比她高，就去找领导谈加薪，她先是觉得工资设置不公平，后来又诉苦生活成本高。

她的目的是加薪，但她不管领导的目的可能是追求职员性价比，新人的目的可能是不想让领导知道自己私聊本该保密的薪资问题。

如果她拿数据说明自己的绩效和不可或缺度，更能满足三者的目标叠加。据我观察，谁都不傻，双赢或多赢的事更容易谈成。

没有目标性地说话，容易说着说着被别人带跑偏，被情绪带跑偏，被意外带跑偏。低于正常的沟通效率，低于预期的沟通效果，收拾情绪和事态的烂摊子，不是更累吗？

而当你试着说话带有目的性时，一方面，你在听别人的言论时，结合发言者的立场和目标受众，更能深入地思考观点，更能保持大脑的清醒，逻辑的清晰，而不至于走极端：要么单纯沉醉得不知归路，要么偏颇地觉得发言者三观不正。另一方面，有人可能在职场或对外人，知道自己说话要有目的，却往往和亲近的人说话忘了目的。反思对待家人朋友、对待领导同事，我们的目标和为达到目标的最佳策略，减少情绪和冲动带来的损耗性摩擦。

有时候一个人说话没有目标，浑浑噩噩，其实反映出这个人特别迷茫，得过且过，缺乏自省。

问他想吃什么菜，他说无所谓；问他想找什么样的对象，他说看感觉；问他想做什么工作，他说没有特别想做的；问他说话不顾后果吗，他说太麻烦了……

在我看来，最怕你没有目标，也懒得找目标，更懒得为了目标去积累、改良、坚持，还安慰自己人生自在最重要。

02

好的沟通力，价值几个亿

好好说话，好好沟通，绝对不只是教条地结构总分总，分点123，夸人要具体，自嘲要幽默，把最高的情商给最亲的人。

有段时间，我和老公萌生了换学区房的念头。

某个周六上午，我们跟着中介看房，晚上到同事家吃晚饭。同事2年前在另一片区购买学区房，孩子刚上一年级，我们心怀问题，想去取经。

到同事家后，我和同事在厨房备菜期间，她问我："你和你老公都同意买学区房吗？"我回答："先是我临时起意，两人迅速达成一致，准备一边把房子挂出去，一边看看附近的学区房。"

同事突发羡慕，说她和她老公为了学区房，争执了几年。

夫妻本是同林鸟，意见不合就开吵。

她孩子一两岁时，她提议换学区房，她老公不同意，从城市格局到城市经济，从学区房政策到教育公平，分析得头头是道。直到孩子上学迫在眉睫，最后多花两倍钱，买了套老房子。现在，老公怪她盲目追捧学区房，她怪老公磨叽错过最佳时期。

本来想和同事聊聊夫妻沟通术的，但饭菜做好后，全员吃饭，话题戛然而止。

我想起在我离开深圳前，看了南山区很多小户型房子，那时我已经存了笔钱，我跟我妈表态，希望她赞助我不够的首付，以后房贷我自己还。我妈觉得，没结婚，没必要。

1年不到，深圳南山的房价升值迅猛，有一次我跟我妈开玩笑说："如果当时你入股赞助我买房，咱们现在就有钱了。"

我妈笑答："那也怪你不坚定，没有说服我，如果你非要，我肯定给你。"

从此以后，我学会一个道理：如果对自己很重要的事，做了大量功课，具备承担风险的心理和能力，那么，下一步就是**说服需要的人支持你**。

日立集团曾在巨额亏损时，由69岁的川村隆担任社长，助日立集团起死回生。

他说，自己的身后，再也没有任何人，自己抱着成为"最后一人"的心态上任。

承担最终责任的人是你，做出最终决定的人是你。我再加一条，**好好沟通获得支持减少阻力的人**，也是你。

很多失败的沟通，一方总觉得另一方没有好好说话，但我们可以成为沟通的最后一人。

好好沟通这张网太大了，我想先从三个影响权重最高的人入手，分别是配偶、领导和孩子。

夫妻：舒心顺意的沟通法则

小到琐事，大到买房，配偶是我们重要的战略伙伴，如何沟通，达成一致，减少内耗，共同办事，这很重要。

我看过脱不花分享过的一个沟通理论：**在了解对方沟通风格的前提下，沟通效率会大幅提升。**

根据不同人的沟通特点，有四种共性的沟通类型，分别是**控制型、表现型、谨慎型和温和型**，用动物比喻，方便记忆，分别是老虎、孔雀、猫头鹰和考拉。

婚龄 5 年，经过磨合，我对双方的沟通类型都有判断。

我接近老虎，喜欢祈使句，表达较直接，总想快速进入说正事环节，难以忍受乱作一团的状况，目标感强，控制欲强。

我老公接近猫头鹰，热爱电子表格，迷恋流程，处事周全，表态较慢，讲究事实和依据，在表达一件事前，会收集足够的证据。

其实我冲动提出换学区房时，他也不赞成，通过沟通，我知道他有两个担心：一是孩子压力大；二是政策不明朗。

我重点搜集该学区小学、初中毕业的孩子对老师和学校的评价，还去找在我们目标学区的学校上学的同事交流。

我的担心只多不少，做了很多功课，近 3 年的尖子生和整体学生高分人数，近 5 年小学预计入学人数，学区内人口流入流出情况，等等。

政策情况很难确定，根据目前的趋势，买了学区房，不代表孩子能读好学校，孩子就学习好，高考能考好，人生就能幸福。

而风险是没能上好学校，房子降价都难出手。

我把证据和风险一条一条地跟我老公说，说着说着，他同意了，来劲了，我们迅速分工，开始行动。

夫妻长时间相处，应该更加了解自己和对方，知道对方的沟通风格，探索互相适配的沟通风格，让家里气氛更加和谐，生活更加舒心顺意。

职场：积极主动的沟通法则

《沟通的方法》一书里，讲了两个职场积极沟通术，**换时间和换地点**，让我觉得有用到相见恨晚。

换时间的招数演示：

某个周五接近下班时，领导突然叫住你，说想给你调到客服岗，问你觉得怎样？

这一切来得突然，毫无心理准备，答行或不行，都是应激反应，容易后悔，周末也过不好。

这种时候，就采用换时间战术，回复领导：这么重要的事，我得想想，明天或后天给您答复，行吗？

重点不在于给你多少时间，而是化被动为主动，下次你找领导，你就是沟通的发起者，携带着想好的目标、条件、计划、要求，来跟领导沟通。

在跟客户或同事的沟通中，当对方开始咄咄逼人，你也好想开启撑人模式，但你知道这样的后果更麻烦，你仍然可以成为沟通中的最后一人，用"暂停一分钟"来变更时间。

对方激动，场面凌乱，对话毫无建设性，你可以说"给我一分钟，去个洗手间"或"给我一分钟，去接个电话"。

其间双方恢复冷静，回来之后，沟通的节奏、气场和环境，都会变得更理想。

换场合的招数演示：

领导业绩压力大，紧急开会，说："接下来一个月，要大干一场，取消休假，全力冲刺，大家有问题吗？"

像这种时候，就算你真有问题，也不要当场说，不然领导可能当场发飙：你是不是公司的人，公司战略跟你没关是吧？

领导当众打的气，被你瞬间扎了一个孔。

这就需要换场合，在大的场合，领导代表了公司，要维持公司形象，你当众拒绝，让他陷入两难，作为公司代表的他答应你的特殊要求，也得应允别人搞特殊。

而私下跟他说，趁他在办公室时，敲门进去，说明情况，表明难处，在只有你俩的办公室里，领导只代表个人，他也会从公司视角切换为常人视角。

在职场的沟通中，有强势主动的一方，也有弱势被动的一方，不要认为沟通是一方"搞定"另一方的有限游戏，其实沟通是一场无限游戏。

亲子：克服提前纠错的冲动

有了孩子后，我预习如何和孩子说话。

被评为上海"海上最美家庭"的沈奕斐博士，向纠错型父母发出预警。

她说，以前老一辈父母忙于工作，没时间管孩子、陪孩子，孩子犯错了打一顿。

现在的年轻爸妈，觉得打骂型教育暴力，但过于关心孩子的他们，容易走上另一个极端，就是提前温柔纠错。

孩子都还没做错什么，爸妈就开始纠错：宝贝别迟到了，多穿衣服不然着凉，东西不要掉在地上……

看似素质高、有耐心、关心孩子，但这种提前＋温和＋持久型习惯纠错的家长，对孩子的伤害度也难以估量。

小孩有本我和自我，本我偏向欲望，自己惯着本我一时爽以后，发现代价，于是主动在体内成长出自我，来压制本我。

比如，有种冷，叫妈妈觉得你冷。

小孩子，本我懒得出门添衣服，但不穿冷得难受，容易生病。逐渐意识到本我太放纵了，应该让自我发展一下。

但纠错型父母一直唠叨着孩子多穿点，按照自己的体质给孩子厚厚地裹上。

不如试试，提醒孩子外面的温度，3岁以上的孩子有选择是否穿衣的自由，孩子不听，自担后果。

提前纠错型的父母的所谓关心，提前扮演了小孩的自我，限制了孩子本应自己成长起来的自我。

自我缺乏成长，孩子缺乏这个年龄本该有的生机勃勃的求知欲和好奇心，反而自信心缺失，觉得自己不被信任，好像什么都做不好，懒懒的、烦烦的，甚至在青春期特别叛逆，开始反抗。

很多时候，**父母比孩子更需要学习，丰富自己的沟通工具箱，让孩子对来自父母的爱可视化。**

我在教孩子咿呀学语时意识到能好好说话、好好沟通的成年人并不多。尤其是在高压下，沟通不仅无效，甚至为负分。

虽然我们的沟通能力很难全面突飞猛进，但至少较为重要的配偶、领导、孩子，关系到我们的爱与钱，需要我们多花心思，多花脑子，不被本能牵着走。

好好说话，好好沟通，绝对不只是教条地结构总分总，分点123，夸人要具体，自嘲要幽默，把最高的情商给最亲的人。

乍一看是话术，**背后却是对人性、心理、情绪、局势的拿捏。**

重点领域单点突破后，再把心得总结成自己独家有效的沟通法，举一反三地延展到生活、博弈、工作当中。

会不会沟通，买卖房子时，相差几万元太正常了。

不会沟通，上综艺节目，损失上亿元也有可能。

沟通就算不能重新洗牌，也能带来新牌，改变格局。当然，就算这次没有沟通得特别理想，也能吸取经验，造福下次，不要陷入过多自责、反复愧疚的内耗旋涡中。

总之，在沟通上，哪怕不能成为最后一人，也要成为关键一人。好的沟通力，价值几个亿。

03
别让低"言值",拖垮你的高颜值

> 说事的基本逻辑是,明确主题,先说结论,后说原因,再谈建议,每个环节若有多种情况,就分点说明,三四点足矣,不要贪多,最好有升序或降序的层次结构。

颜值高,让你有个好看的皮囊;"言值"高,让你有个有趣的灵魂;所以,颜值和"言值",两手都要抓,两手都要硬。这篇聚焦于言值,开门见山吧。

把普通话练标准

有一次我接到一个电话,说我购买的衣服染色剂超标,厂家双倍赔款,我觉得对方普通话太差,心里生疑,就去问电商客服,果然是疫情期间出现的骗局。这个诈骗电话因普通话不标准而露馅,说普通话是言值的表面工程也不算夸张。

不管你祖籍是哪里，口音如何，只要你想练好普通话，绝对会有进步，我的读书会听友不定期会跟我说，我的普通话进步得很励志。

我有南方口音，平翘舌音和前后鼻音傻傻分不清楚，常在不该儿化音的地方儿化处理，后来待过几个地方，杂糅了浙江的软嗲、广东的倒装和东北的音调，所以我的普通话很有特色，身边朋友也觉得好玩。

但从要用声音和听众交流时，性质就变了，线上语音分享和读书会，需要我普通话标准，不然会影响听众获取信息。

我阶段性地练习，取得阶段性的进步，下面分享我实践过好用的招：锁定弱项，可以用"普通话测试""普通话学习"等 App 来测试和练习，按照指示读词组、句子或段落，迅速定位发音优缺点，然后着重练习自己的弱项。加强唇肌，相声演员为了口齿清楚，从小练贯口，绕口令，多做唇部操和舌部操，越练唇肌越有力，发音越清晰，肺活量越大，越会找气口，说话越顺畅，口误和结巴显著减少。

每天找段材料练习朗读，行业文件或新闻报道都行，记录下常错或拗口的词，像我就记下"种族主义组织""众所周知""三十三岁""村上春树"等我要练好久才说得对的词，没事练着玩。

减少语气助词

我发现电视上能靠嘴吃饭的人，语气助词很少，我平时会用"讯飞语记"，试着复述一本书或表达一件事，语音转化为文字后，数数里面诸如"嗯""啊""吧"之类的语气助词，以后说话时尽量注意，能少则少。

我试过的方法中，效果最明显的有两个：一是放慢语速；二是当想说语气助词时，闭上嘴巴，用静音来取代助词。表达过程去语气助词，我觉得再注意也做不到完全去除，但少说一些，这可以做到。

拿捏好场合分寸感

言值高的人，说话有分寸感。

黄执中有一个理论，把不同场合的分寸感解释得简单明白。他按人数多少和场合正式程度这两个维度，划分出四个象限。

人数越少，我们和听众的心理距离越近，听众对我们的包容度越高。这时的表达，最容易传达亲密感，说话是为了彼此分享。

人数越多，心理距离被渐渐拉开，听众对我们的包容度越低，这时候的表达，传达的是权威感，说话是为了造成改变和影响。

正式和非正式，是根据听众的目的性高低来划分的。

听众目的性越高，有特定的主题，他们对所讲的内容就越会有明确的期待，所以我们表达的关键就是交付感。

听众目的性越低，注意力就越不集中，表达的关键就是吸引力。利用这个坐标轴，我觉得应对很多不同的说话场合，你会更有分寸。

说话注重逻辑性

侃大山和扯闲篇不在讨论范围内，一旦进入谈事环节，缺乏逻辑感的说话方式就太失分寸了。比如，结论后置，求帮忙、讲笑话或说正事时，长篇大论，东拉西扯，把事情的前因后果、起承转合铺垫个够，诉求、包袱或结论出来前，早已耗光别人的耐性。

没有主线，想到哪儿就说到哪儿，一件事没有讲完，突然解释其中涉及的某个要素，像一个圈没有画完又画另一个，一段时间后没有一个闭合的圈，这场聊天仿佛一张充满小半圆的混乱草稿纸。

细节能让表达更生动，但关键是要把主线说清楚。

在我看来，说事的基本逻辑是，明确主题，先说结论，后说原因，再谈建议，每个环节若有多种情况，就分点说明，三四点足矣，不要贪多，最好有升序或降序的层次结构。

有逻辑约等于有条理，拆解"条理"，"条"是主题和主线，先说什么，后说什么，说完一件再说另一件；"理"是论据和论证，你的论据和论证方式能够支撑你的观点。

另外，关于语句的选择，主动句，能够加快节奏；而被动句，可以强调效果。

高言值内核是开放的态度

言值低的人常常很固执，爱用否定句，听不进别人说的话，觉得自己永远正确。像去外地旅行,他觉得路上不同的美食风味、风土人情和自然景观都比不上老家的,和他交流,像玩击鼓传花的游戏,逢他必炸。

解决固执有个方法,是即兴喜剧中常用的"yes, and"练习。产品人梁宁说自己长期以来,说话都是正面硬刚,日常说话高频使用否定词,如"不是""这个不行""不对""我不这么认为"。

有一次她参加喜剧从业者李新的线下课,第一节课是"yes, and"练习,玩法是不管你的伙伴对你说什么,你都要说"yes",然后再添加一个信息"and"。梁宁开始觉得困难,努力不让自己说"不",笨拙地接住伙伴抛过来的问题,后来慢慢捕捉到伙伴匪夷所思的提议中的有趣之处。

梁宁事后反思,把"不"做口头禅的自己,常是冲突的发起者,世界上总有人和你利益不一致,说"不"时,是对自我意愿完整性的保护,但同时也拒绝甚至伤害了同伴的意愿和创造力。

生活中有需要捍卫原则的时候,但大多数时候就像是一场永不落幕的即兴喜剧,说"不",一切能量流动就停止了。

而"yes, and"是要先学会接受,接受对方在流动的能量,接受与自己利益不一致的部分,然后添加信息,把自己的能量添加上去,让流动继续。

有趣是言值的附加分

我觉得,经常看喜剧电影、电视剧、国内外脱口秀等,不仅非常解压，还能在潜移默化中提高说话的有趣度。我很爱看各种脱口秀，时事热点看崔娃，生活日常看阿金卡卡，国内的各种脱口秀也不会错过。

　　言谈之中，加入"段子"这种成分，会将言值拔高很多。专业喜剧人透露过段子的套路：段子＝铺垫＋包袱，铺垫需要简洁。包袱需要注意两点：（1）笑点放在句子的越后面越好笑；（2）说话包袱要干脆利落地打住。我目前很爱观察式笑话，所以很喜欢英国脱口秀演员阿金卡卡的脱口秀。

　　在生活中，但凡有人发现一些集体无意识的生活场景，用恰到好处的说法，把其中的吊诡表达出来，我会很欣赏这类人，觉得他们是认真生活，积极思考，有洞察力，说话会制造意外感的高手。

　　有趣的言值，来自丰富的灵魂，读书、行走、思考，与不同的人高质量地交流，都是往灵魂里注入丰盛势能的要素。

04
赶紧把自己当作网红来培养吧

循序渐进,打好底子,这些"蓄水"的基建工程,难以速成,难以糊弄。留心生活,有表达欲后,针对主题,确定思路,认真准备文本,没有信手拈来,只有充分准备。

短视频越来越流行了。

我平时看短视频,重点关注育儿、养生、美容、励志、书籍介绍等内容领域。博主们皮肤光洁,发型时尚,表达流畅,内容有趣。

某天,看着视频的我,鬼使神差地点开"拍照"按钮。经过默认的滤镜和美颜,屏幕中的自己颜值大涨。自带上妆效果,且比化过妆更理想,毛孔隐形,皮肤粉白,无斑无痘,颈纹隐身,滤镜功能把自己一键变身为氛围美人。我心生感慨:真人长这么好看,那多省事啊。

我又鬼使神差地按下"摄像"按钮。对着镜头,或复述一本书,或点评新电影,或讲个脱口秀段子,或分享一个健康菜谱。录的时候，自我感觉明星附体，看回放时，还没看完就想删除。嗯嗯啊啊的语气助词太多，"这个""那个"的连接词不少，有些关联词明显用错，表情略显刻意做作。有时眼睛上翻，有时撅动嘴唇，小动作过多，显得整个人不大气。谈吐不够流利，即兴文案连自己都没吸引到。

越看自己的视频，越觉得博主们不简单，虽然她们不太可能就这么心血来潮、不修边幅、没写脚本地随便一录就是成片，但成片里的表现，足以看出她们内容管理、形象管理和表情管理等功力。她们中的大多数，下了一盘"把自己培养成网红"的大棋。

我对自己提了个要求，按照网红的标准去培养自己。

平时增强内功：见多识广，博览群书，体悟人生，积极思考。

日常皮囊建设：健康饮食，保持运动，心态良好，作息规律。

定期拍摄视频：每周一次，仅自己可见，发扬长处，弥补"短板"。

循序渐进，打好底子，这些"蓄水"的基建工程，难以速成，难以糊弄。

留心生活，有表达欲后，针对主题，确定思路，认真准备文本，没有信手拈来，只有充分准备。

《奇葩说》第七季，最让我惊喜的选手是小鹿，事后看到她的采访，她说："我们线下演出一个高质量的段子，一分钟有4个笑点，这是优秀脱口秀演员必备的素质，对于《奇葩说》的文档，一般是围绕辩题先写100个点，然后挑出20个点来成稿，成稿时又改好几版，尽量在论点中以笑点为支撑。"

脑子里的思考，文本上的准备，好好表达出来，这一环至关重要。 有一天我和老公聊天，他说当天面试了一位应聘者，日语专业，有留日背景。面试时，他向对方提问：你做过什么改善流程的工作内容吗？对方条件反射地先说有，侃侃而谈几分钟。老公告诉我，那位应聘者的发言，内容大而无当，大方向没错，但到具体层面模糊不清，条理混乱；而且在表述过程中，语气助词较多，不知是面试紧张，还是缺乏自信。老公说自己以前作为面试者，这次作为面试官，立场不同，感受不同，从中学到三点：

1. 不太清楚的业务问题，就如实回答，东拉西扯说不到点子上，会降低印象分。

2. 回答问题前，迅速把要说的内容填充到"总分总"的框架结构中，在"分"的环节，可用 123 分点说明，而且要强调内容重点。

3. 试着放慢语速，职场中说话，要对说话内容负责，边思考边说话，能减少漏洞。多数领导讲话又慢又谨慎，逻辑重音明确，方便别人清晰抓取重点。

当"仅自己可见"的短视频让我感到达到量变引起质变的临界点了，我做了一番心理建设，决定迈出舒适圈半步，把自己的短视频展示出来。于是短时间之内，暴露了自己更多的弱点，赶紧打补丁来点突破吧。

一、针对表达风格的问题

看了很多口播型的短视频，如果按博主的表达风格来分，有作家型、专家学者型、意见领袖型、新手小白型、表演达人型等，需要根据自己的情况，找到在视频拍摄中自然舒展的状态。

我觉得自己更加偏向于作家型的风格，就是观点一般，偶有新意，文本较强，稍有美感，表演很弱，让人走神。

听说迪士尼电影有个编剧公式，即 SCRM 模型，S 是 suspense，建立悬念，C 是 challenge，打破预设，R 是 resonance，引发共情，M 是 message，传达主旨。

我觉得自己可以借鉴这个公式的一部分，让文本更有吸引力，如果开头平淡，观众早把你的视频滑走了，一两分钟的短视频同样需要起承转合，在文本上弱化书面感，强化口语感，琢磨过硬的内容和抓人的表达，在表演上克服怯场和呆板，朝落落大方、自信知性的风格靠近。

二、针对说话节奏的问题

我很爱听 TED 的演讲，我发现高超的演讲者都是节奏大师，抑扬顿挫和轻重缓急把握得恰到好处。在介绍重要概念或者解释复杂理论时，会放慢语速，停顿时间更长，表情也相对严肃；而在讲有趣的故事，说比较轻松的事情时，会加快说话速度。

TED 掌门人克里斯·安德森传授过方法：拿出你的演讲稿，在每个句子中找到两三个最重要的词语，在其下画线；在每段中找到那个尤为重要的词，再画两道下划线；在有趣的小故事处，画粉色的小圆点。重新朗读演讲稿时，在每个标记处变换语调。看到粉色小点时要微笑，在下划线处要强调。

三、针对小动作过多的问题

我复盘自己录的几段小视频，心想：我平时和别人说话，该不会是这个鬼样子吧？按照我之前的设想，职场中的表达，偏向高冷、专业、凝练。私底下以自然舒服为主。希望我视频里的小动作只是由于面对镜头不习惯而导致的。

我在职场中有个发现，女性领导职位越高，专业度越高，她说话和肢体语言上的小动作越少。我最近碰到本市的某位三八红旗手候选人，看人家发言，表情自然，没有什么撩头发、摸鼻子、扶眼镜、眼神晃动过多等问题。

四、针对视觉形象的问题

我喜欢的内容型网红，有多美吗？谈不上，只是让人感觉知性、舒服罢了。视频中的她们，很少穿夸张的衣服，多为款式简单、穿着舒服的衣服。但确实很少看到穿亮白色、深黑色，有密集图案的衣服，而且熨烫平整，干净整洁。

我听现场看过网红直播的人总结，拍照显胖，上镜吃妆。所以很多主播真人很瘦，妆容浓重，还有网红大方分享自己做各种医美项目的经历。但不管怎么说，我关注的网红，基本都走内容路线，我不需要去在意网红的颜值，毕竟我有更好的选择，我在意明星的颜值，看演员的戏，听歌手的歌。我看网红输出的内容，形象好当然加分，但不只是为了她们的形象而看。

反正，把自己当个网红去培养吧，看看自己在观点的积攒、成型、输出哪个环节问题较多，逐一改善。希望脑子里运化出来的闪光思考，不要因为表达而掉链子。尽管很多人不太可能成为互联网上的视频博主，但这些改善，在工作中、生活中、人际关系中，帮助很大。

成为身怀绝技的人，哪怕无须施展。

05
读书笔记，让我遇见更好的自己

很多有见地的人，都是笔记狂人。马克思为了写《资本论》，阅读和做札记的书籍就超过 1500 种；果戈理有本包罗万象的大笔记本，思想言论、史地知识和风土人情无所不包。

  很多时候，我会把看过的书和读书笔记发到微博上。做读书笔记的习惯引起不少读者的注意，有读者希望我分享一下如何做读书笔记。

  我曾试过不做笔记地看书，事后想引述内容，脑中常是一团模糊，记不清在哪儿看过而无从找起的滋味，让我觉得挫败。

  而看书做笔记的对照组，用眼用手用心摘抄过的词句，印象更深刻，感受更强烈，有事没事就翻看，每遍给我不同的感受。

  就像有人喝咖啡必须搭配咖啡伴侣一样，做笔记也成为我的读书伴侣。

我发现，很多有见地的人，都是笔记狂人。马克思为了写《资本论》，阅读和做札记的书籍就超过 1500 种；果戈理有本包罗万象的大笔记本，思想言论、史地知识和风土人情无所不包。

经我归纳，有三种比较典型的笔记类型：

一、电子笔记法

有一位自媒体红人，书摘记了 20 多万字，她把精华部分敲进电脑，整理到书摘文档，时不时翻看，并全部背下来，她说她文章中的引用都是靠记忆的，她狠狠强调"反复阅读和背诵"。

二、简报笔记法

李敖说自己看书很少会忘，"看完了这本书，这本书就大卸八块，书进了资料夹，才算看完这本书"。

他先把书要么去复印，要么买两本，再把需要的内容从书里剪下来，像图书馆般详细分类，哲学类、宗教类；宗教类再分佛教类、道教类、天主教类；天主教类还可以分，他分出几千个分类，全部收入夹子里。

三、反刍笔记法

钱锺书做笔记的时间，可能是读书的一倍。

他的笔记习惯，缘于牛津大学图书馆的图书不外借，只准携带笔记本和铅笔，书上不准留下任何痕迹，他只能边读边记。

别人夸他过目不忘，他不认为自己有那么"神"。他好读书，还做笔记，不仅读一遍两遍，还会读三遍四遍，笔记上不断地添补，不断反刍。所以他读书量大，但遗忘率低。

拥有外文笔记 211 本，中文笔记 1.5 万页的钱锺书，有句话让我感同身受：一本书，第二遍再读，总会发现读第一遍时会有很多疏忽，最精彩的句子，要读几遍之后才发现。

正如奥野宣之在《如何有效阅读一本书》中说：**读书笔记可以帮助我们深刻吸收书的内容，磨炼出更好的原创思考。**

不同时代背景下的写作者，都在用各种方式致敬着笔记，笔记也见证了他们的成长和成功。

我妈是小学语文老师，她从小就让我看课外书时摘录好词好句，我也早就养成习惯。当我开始写作以后，因为写作需要大量的阅读储备，我一直探索，一直改进，截至目前，我主要有三种做笔记的形式：

第一种，纸面笔记。

第一遍看书时，如果是自己买回来的书就在书上勾画标注，看完再整理。根据书的主题，看看内容属于职场、健康，还是心理等，然后分门别类地整理到相应的本子上，写好目录，标好页码。字尽量写得认真，太潦草会降低笔记的重看率。

第二种，电子笔记。

平时在手机上看东西，遇到有料有趣有用的内容，就把相关的截图、图片、句子、文章汇总到"印象笔记"里暂存起来，3日内必须整理，哪些舍弃，哪些标注，把它们分类。很久没用的内容需要归档，我这套暂存—整理—归档的笔记法，还获得了印象笔记官方颁发的"笔记进步大奖"证书。

第三种，语音笔记。

看书时画重点，看完一遍后，打开手机里的"讯飞语记"，把画线的部分朗读一遍，软件会把我的声音转为文字，趁着还有记忆，赶紧导出文档修改错别字，需要时翻书校正一下，隔一段时间，按照主题整理成册，打印出来，网上有很实惠的打印价格，可以把文档合集发给店家，很快就能收到打印版的笔记。

不管是纸面笔记、电子笔记还是语音笔记，最重要的四个字就是常看常新。

有人说自己不从事文字工作，没必要记读书笔记，但我还是坚信，做不做笔记，效果不一样。

古人说，读书百遍，其义自见，可现在的书太多太杂，读书百遍不太可行，把书里的精华浓缩萃取出来的笔记，多读几遍才有可能。

在我看来，就算背景和职业各异，做读书笔记是一件有用有趣又让自己有料的事。

如何做自己的笔记大师呢？

一、按自己喜欢的方式做笔记

如果你做课堂笔记,康奈尔笔记法可能比较适合;如果你是学术奇才,可以研究看看达·芬奇的笔记手稿。

有段时间我尝试用电脑或手机做笔记,电子笔记容量大、检索快,我现在把在电脑端、手机端、电子书上看到的有用资料做成电子笔记,而看纸质书就相应地做纸面笔记。

我喜欢做纸面笔记,通过回翻,增强了知识的体系感;通过书写,让心安静沉稳下来。写字让我心静,日常中需要写字的场合不多,我格外珍惜做笔记时的写字时光。

我会想方设法地让记笔记更有意思。每次做笔记时戏可多了,觉得自己是傲娇大主编,各个作者都打破头地想上我的版面。

我喜欢收集好看好用的笔记本,活页笔记本适合小短句,一环环的圈经常碰到手,写得不太舒服;如果摘抄段落和长句,平装本更便于书写。

有时候我兴致来了,会在笔记本上喷洒一些香水或香氛,增添若干诗情画意。

二、笔记的内容比形式重要多了

我有个高中女同学,笔记五颜六色,标注重点,但成绩和笔记的好看程度不成正比。

她把笔记当手作,过于追求形式上的漂亮,忽略了掌握笔记的内容。

我觉得笔记是做给自己看的,颜色、形式与内容相比,皆属次要。我的笔记很朴素，没有花花绿绿的颜色，几乎不勾画标注。

毕竟我不是为了什么考试而做笔记，没有什么重点之说；也不是为了给别人看，自己看得顺眼最重要。

三、思想和行为总有一个在路上

我做过补血笔记，有一年体检血红蛋白值才 80 多，我专门找了一本软抄笔记本督促自己补血。

笔记本正着翻，是医生和营养学家的言论；反着翻，记下自己每餐的饮食、运动和服用的保健品，一个月后我去查血常规，血红蛋白值从 80 多上升到 110 多。

其实**不管是观点型笔记还是行动型笔记，常用和复盘才是第一要务**，做得那么认真的笔记，不多看几遍简直浪费了。

不做笔记的你，不妨把简易笔记当作试用装，先做再改，边记边调，经常翻阅，让笔记融入生活，见证自己的思想跃迁和行为改变。

有时候看到自己这些大大小小的笔记本，心底生出欢喜，觉得这些年没白过，这些书没白看，满满的充实感和悦己感荡漾在心头。不夸张地说，笔记让我遇见更好一点的自己。

Chapter 5

工作提案
年轻人怎么提前布局自己，会脱颖而出？

不管你做什么工作，专业感溢出，就很体面。
时间精力这块大蛋糕，拿去琢磨别人的话中话，研判他人的喜好，分析自己给对方的印象，试图做一道亮丽风景线以后，真正留给专业技能的蛋糕块还有多大，不如将大把时间花在赏我饭碗的核心业务上。

01

做得到专业感溢出,抵得住内卷的残酷

不管你做什么工作,专业感溢出,就很体面。

有一次我去探望坐月子的女友,除了给 10 天大的婴儿红包之外,还想见识下 8 万元 28 天的月子中心。

进入房间,女友告诉我,月嫂请假 1 个小时,她和先生就开始"宝宝止哭大作战",先后抱宝宝、换尿片、喂奶水、拍奶嗝、弄玩具……孩子还在哭。

女友的会客服被宝宝尿湿了,她先生拍半天没拍出嗝,月嫂进门那刻,两人欢呼。

阿姨洗手消毒后,穿上棉质围裙,抱起孩子,没哄几分钟孩子就安静了。

女友说坐完月子,阿姨跟她回家再照顾她们母女 1 个月,我打

听了费用，觉得好贵。

但女友说好值，因为这里的月嫂，如果跟雇主回家被投诉属实，月子中心就不再续聘，所以相对专业。

女友忍不住地夸阿姨："像翻译官一样，把孩子的动作声音翻译成需求，手把手地教育儿知识和技能，说话温柔，眼神有爱，让全家一夜好眠，还常夸我和宝宝好看，让我更加安心自信。"

后来和阿姨闲聊，我问："宝宝晚上不哭吗？"

阿姨说宝宝的嘴比人先醒，夜里嘴巴先找奶嘴，如果有就直接喝，找不到才睁眼哭。她有个小本子，记录每次吃喝拉撒的详细情况，根据宝宝的体况，预测下一次进食的时间范围，然后调好闹钟，提前把宝妈冰箱里的奶热好，让宝宝嘴醒时就喝到。

那天的见闻，让我深信，专业感溢出的人，贵有贵的道理。

很多人求索赚钱之道，我觉得风口机遇和商业模式未必通用，其中，可行性最高的、适用于多数人的，是把工作做到专业感溢出的地步。

所谓专业感溢出，是指在能保质保量完成任务的前提下，有更深一步的延伸。

专业感的溢出，就是不再勤奋地偷懒。

曾听某位影视从业人员说，某日用品公司的品牌营销会"勤奋地偷懒"。

要求整部戏出现 300 秒的演员刷牙镜头，这种笨方法，既好跟领导交差，又好按单位算钱。

可电视剧里效果最好的广告，不是看时长，而是看能否天衣无缝地将产品融入戏中情节，这种广告只要一个镜头就会被观众记住。

有些人宁愿让旁人看见你出工了，也不愿意自己花时间和力气学点真知识，只把工作放在表层考核指标的延长线上。

专业感的溢出，就是做"透"这份工。

《奇葩说》节目中有位辩手说，有一次去打印店里打印资料，拿起订书机刚要订，打印店老板问："你这论文有多少页？那个大订书机，一次只能订55页，不能更多了，超过55页要用其他方法。"

这位辩手偏不信，觉得自己的资料60页，只多了5页，只要用力一点，肯定能订上。

于是尽力一按，果然就差了这5页没订穿，她夸老板有经验。老板说："我订过的论文，比你们全校同学看过的还多。"

我能脑补出这个老板弄清订书机承载极限的试验和总结，更能以小见大地推导出他在工作的其他方面的用心和投入。

有些工作10年的人，不过就是把1年的工作经验，重复用了9年而已，很多人把事做完就行，而有些人追求把事做透。

专业感的溢出，让人身上具有专业气质。

《锋味》里有一集，谢霆锋为红磡金牌保安"史丹利"许颂升做饭。

许颂升有一种职业惯性，他和嘉宾走在街上，会习惯性地走人行道外侧,看到内侧有摩托车驶来,几个箭步就冲过去护住嘉宾,行至菜市场,跟在嘉宾背后的他,目光警惕,环顾四周。

红磡体育馆建成后,他便担任保安一职,负责保护演唱会台上艺人的安全,一做就是 35 年,其间护星无数。

以至于在许颂升身上,已经沉淀出一种"靠得住"的气质和气场。

作为张国荣生前演唱会的保安,当年在张国荣葬礼上,他不由自主地追着灵车奔跑,说"只想最后安全地送他离开"。

要做到专业感溢出,我觉得有这四个层次。

一、看上去显得专业

前外交部副部长傅莹说,形象也是一种表达。

她说,参加隆重的礼兵活动,尽量穿中式衣着;出席开幕式,选择有文化元素的服饰;工作场合,尽量穿西服套装。

2013 年我第一次做发布会时,选择了一套浅灰色西服套装,显得低调而庄重。踩点时发现衣服颜色与背景墙上的大理石太接近,后来改成蓝宝色上衣和黑色裙子。

看上去就专业的人,懂得形象是一种有力的职业表达,是把对工作的上进心和敬畏感穿在身上。

二、听上去显得专业

以前我在深圳工作时,公司有个香港办事处,我第一次打电话过去，港办的同事接起电话就是"你好，××"，××是公司名。

当时我心震了一下，因为接电话时自报公司名字的不多，他们给我一种"人司合一"的感觉。

听上去就专业的人，工作中能精准表达，情绪稳定，思维清晰，切中要害，与外行人沟通，降低专业门槛，尽快达成共识；与内行人沟通，操起行业术语，尽快解决问题。

三、为工作保全自己身体

寿司之神小野二郎，90多岁老人的手，柔若无骨，凉凉滑滑。

"握寿司的手，上面长满老人斑就太难看了。"为了保护双手，他不提重物，不做粗活，随时戴着手套。

为了维持可以长时间地站立，至今坐地铁，提前一站下车，步行回家。

专业感溢出的人，想把自己擅长的、喜欢的事业做一辈子，深知健康的重要性，会尽力保全自己的身体和精力。

四、对工作升华价值感

听品控朋友讲过，有一次美国代表来厂检查，细致到在仓库发现一瓶机油，都要仔细论证用途，甚至趴在地上检查有无啮齿动物的痕迹。

检查结束后，品控问代表：检查如此严格，是不是有贸易壁垒的因素？

代表回答：她只是做好分内事，力保食品安全。

有些人从不觉得自己的工作就是打份工，赚点钱，而是从日常的工作中，抽象出更大的价值观和使命感。

我不信行业薪酬统计或排行，因为很多行业的收入是金字塔结构。

工作或许分不出贵贱，但专业感能分出贵贱，专业感溢出的人，通常是贵的，值得尊敬的。

懒得背台词于是用数字对口型的演员，摔倒起身后完全丧失专业补救的模特，大家不给面子，指责不配拿高薪酬，只要做事不专业，观众就不买账。

而负责端茶倒水发盒饭的杨容莲，获得第 37 届香港电影金像奖的"专业精神奖"，全场自发起立鼓掌。

以前我觉得有些工作体面，有些工作没那么体面。

但一些在体面工作中不专业的人，和在没那么体面的工作中很专业的人，让我改观：不管你做什么工作，专业感溢出，就很体面。

02

年轻人怎么提前布局自己，会脱颖而出？

基本功的溢出，往往让一个人脱颖而出。与其打着迷茫的旗号不作为，不如重新审视自己要走的路，踏踏实实地投入基本功的刻意练习中。

我经常收到类似的读者留言：
很迷茫，却又不知道该做什么。
很浮躁，做什么都三分钟热度。
很焦虑，变化快带来不安全感。
怎么办？

我有段时间在工作上，因瓶颈期而迷茫，因小挫折而困顿。

我跳脱自己的领域，观察其他行业，那些脱颖而出的人，到底是凭什么脱颖而出的？在别人的故事里，找自己的答案。

南京小女孩 Miumiu（周妍昭）的《加州旅馆》，生动诠释了"一个人就是一个乐队"。

有一次采访，她自豪地说："那都是我一个人！"她掰着手指头数视频里玩的乐器："电吉他、民谣吉他、古典吉他、架子鼓、贝斯，还有沙球，我还唱了。"

Miumiu 弹唱《加州旅馆》的视频走红引起广大网友热议，有人说跟她自身的热爱和天赋有关，还有人说跟家庭经济和资源有关，但我看到的是她身上基本功的溢出。

她爸爸周经纬开琴行，她从小耳濡目染，对音乐感兴趣，3 岁开始接触音乐。爸爸的同事轮流带她，把她变得多能：教尤克里里的老师带她，就教她弹尤克里里；教钢琴的老师带她，就教她弹钢琴；教架子鼓的老师带她，就教她敲架子鼓。

她爸爸给她买随身听，她把乐坛有名歌手的作品听了个遍。听完了就练，3 岁半开始练琴，小孩子没什么耐心，就哄着练。想去游乐场，练琴；想看动画片，练琴。上课期间，每天会练 1~2 个小时；寒暑假期间，练 4~5 个小时；疫情期间，练 6 个小时以上。

弹出动人旋律音符的手，早已留下琴键的痕迹。她爸爸说："这个练习量，已经超过了很多爱好者终生的练习量。"

Miumiu 火了，很多人赞叹她的天分，她爸爸说："没什么天赋，就是靠练习。"孩子练几个小时，他就陪几个小时，孩子吃的苦他都知道。"就是普通孩子，都是练出来的。"

视频在国内外获得巨大播放量，各国友人的热情赞美，中外音乐家的主动伴奏，引以为傲的文化输出，光鲜背后，由日复一日的努力所浇灌。

所谓才华，就是基本功的溢出。

拉里·金是美国著名的主持人，口才了得，和任何人都能聊得起劲，节目气氛轻松随意。他做访谈节目的特点是直接、有人情味以及随机性。单刀直入的提问方式，一针见血却不咄咄逼人。

有一次看书，我看到早年拉里·金训练采访基本功的方法，就是搬把椅子坐在超市门口，随机问每个进门的人：你叫什么名字？做什么职业？买什么东西？干什么用？你最擅长的事？最烦恼的事？

拉里·金说，一个好的主持人，要做到无论在何时何地面对何人，都能有话题、有问题。在他77岁时，美国前总统奥巴马这样评价他："你说你只是提问，但是对一代又一代美国人来说，这些问题的答案令我们意外，让我们明白很多事情，打开了我们的眼界，让我们把目光投向了外面的世界。"

早期对基本功的精准定位和不断练习，给自己的终身职业奠定了源源不断的后劲。

2005年，今日头条创始人张一鸣从南开大学毕业后，加入酷讯，成为一名普通工程师。但他在第二年，就管理四五十个人的团队，负责所有后端技术和很多与产品相关的工作。

有人问他：为什么你在第一份工作中成长很快？他说："我不是技术最好的人，也不是最有经验的人。当时，Code Base 中大部分代码我都看过了。新人入职时，只要我有时间，我都给他讲解一遍。通过讲解，我自己也能得到成长。"他工作时，不分哪些是自己该做的，哪些是别人该做的。做完分内事，对大部分同事的问题，他能帮就帮。

工作前两年,他基本每天晚上 12 点回家,回家后继续做编程到很晚。很快,他从负责一个抽取爬虫的模块,到负责整个后端系统,开始带组,带小部门,再带大部门。

他做事不设边界,当时他负责技术,但遇到产品上的问题,也会积极地参与讨论,想产品方案。基本功不全的人,会依赖别人,要实现一个功能,需要有人帮他。而基本功全的人,前端、后端、算法都掌握,很多调试分析,可以一个人做。

在一些新兴行业,基本功是动态发展的,脱颖而出的人会练好基本功,再扩展基本功。

最近看一档脱口秀,嘉宾有谷大白话,说起他的英语基本功,让我深感服气。他不是英语专业,没有国外生活经历,没娶美国妻子。曾是准留学生的他,想去美国留学,备考过 GRE 和托福,但因为中医专业没被认可,没能出国。

但他没有就此放弃英语,而是把英语转变为兴趣爱好。练听力,他听 BBC 广播,从早听到晚,一开始基本听不懂,坚持了很长一段时间,"突然有一天就悟了",后来感觉广播员语速都似乎变慢了。

看美剧,他等不及字幕组翻译《南方公园》的熟肉[1],就开始看生肉,钻研里面大量的俚语。他看脱口秀,觉得脱口秀是美国的相声,想听懂脱口秀,得清楚每个包袱的意思。脱口秀语速快,知识

---

[1] 熟肉:有中文字幕的视频。反之生肉指无中文字幕的原视频。

点多，体育、八卦、政治、历史无所不包，他先听，边听边记，写下每个单词，逐个查阅不懂的单词或知识点。每个点背后是什么梗，有什么历史，他都去耐心分类，分为文化梗、八卦梗、体育梗、政治梗等，慢慢地，他能听懂整场脱口秀了。

学业职业也好，兴趣爱好也罢，用扎实而正确的基本功打底，量变引起质变，经过时间发酵，你大概率会变成一个很厉害的人。

很多人对电竞行业有"玩游戏也能拿高薪"的刻板印象，外行人想得太简单了。

知乎上有个问题：电竞选手平时都是怎么训练的？擅长MOBA[1]和RTS[2]游戏的"星际韩宗"，分享个人经历。

战队规定9点起床，他8点半起床锻炼，然后回到基地参加训练，这个训练包括打rank（排位赛）、队内作战等，早上还有一个半小时的一对多训练，总体远超标准工作时间的8小时。

据说许多电竞新选手，刚开始进行这种高强度训练时，会出现眩晕感，甚至有强烈的呕吐感，连饭都吃不下。

电竞项目有各种操作要求，其中一项就是APM，即每分钟操作鼠标键盘的次数，俗称"手速"。

普通人连一百次都很难做到，而控制多兵种的游戏选手需要超过二百五十次，要求低的也在一百二十次以上。他们把键盘都快按冒烟的手速，只是平时苦练基本功的一个局部维度。

---

[1] MOBA：多人在线战术竞技类游戏。
[2] RTS：即时战略类游戏。

Chapter 5
工作提案 | 年轻人怎么提前布局自己，会脱颖而出？

你看到表面上高薪好玩的工作，却没看到工作者私底下非常不好玩地打磨基本功的岁月。

我喜欢傅莹，在看她写的《我的对面是你》时，得知聚光灯下泰然自若的她，从外交官转做新闻发言人时，背地里是如何苦练基本功的。

首先，牢记要点。

除了反复练习，没有别的办法，过程痛苦熬人。法律问题讲究逻辑严谨，表达精确，权力和权利有不同，监察和检察不一样，期限和期间要区分。她把一天分为上午、中午和晚上三个时段，每个时段的开始，先强化前一次训练的问答提纲，再记新的问答提纲，手机录好一段一段的问答提纲，午饭后散步边听边复述。针对出错率高的词和表述，下班后找人少的公园，对着角落里的树，一口气重复许多遍，训练口腔肌肉的记忆惯性，避免卡壳。回到家继续检验和打磨，讲给家人听，揪出太啰唆、表述不清楚或可以省略的内容。

其次，模拟演练。

团队布置模拟新闻发布会的场景，架起摄像机，准备好电脑，有人当主持人，有人扮演记者，有人计时和记错。按照发布会的时长和强度，适应紧张氛围，守住核心要点，减少不自然感，释放压力情绪。

最后，回看录像。

适当的身体语言有必要，但屏幕会放大晃动感，所以不宜有太多的手势。眼神传达内心细微的变化，自然讲话时，眼神稳定而有神；试图背词时，眼神游离且暗淡，在脑子里搜答案的样子，容易让人觉得信心不足。

表达是一种综合结果，神态、口吻、语气、肢体语言都参与其中。把每个问题的像素放大并改善，把所有基本功都做得滴水不漏，她才觉得"心中有些底气了"。

行业的变化，工作的调整，岗位的更换，我们很可能在不再年轻的年纪，需要携带着可迁移能力，进入新领域，以新人姿态，打好基本功。

乐器熟练度之于音乐人，提问能力之于节目主持人，编程纵深知识之于互联网人，文化之于翻译者，手速之于电竞者，临场反应之于新闻发言人……

基本功的溢出，往往让一个人脱颖而出。与其打着迷茫的旗号不作为，不如重新审视自己要走的路，踏踏实实地投入基本功的刻意练习中。

发展迅速、变化多端的世界，让人倍感迷茫、浮躁又焦虑，刻意练习基本功，可能是摆脱迷茫、浮躁又焦虑的状态，最长也最短的那条路。

用基本功的溢出，抗衡社会的残酷。没有一帆风顺的人生，自己要帮自己乘风破浪。

03

漂亮加上任意技能都是王炸，是真的吗？

时间精力这块大蛋糕，拿去琢磨别人的话中话，研判他人的喜好，分析自己给对方的印象，试图做一道亮丽风景线以后，真正留给专业技能的蛋糕块还有多大，不如将大把时间花在赏我饭碗的核心业务上。

电视剧《安家》热播期间，我收到读者提问："爽姐，你在看《安家》吗？我在工作中碰到现实版的朱闪闪，居然混得不错，使我三观混乱，心怀不甘，你经常写又忙又美的女人，你说，只忙不美的人和只美不忙的人，哪类吃香？"

这个问题，我很喜欢。

先从朱闪闪说起，剧中的她在某房地产中介门店工作。每天梳着减龄的丸子头，穿着可爱的花裙子，把自己打扮得花枝招展，工作时间在工位上描眉画眼。

她没有事业心和上进心，到门店后一直没有开单，没有提成，只拿底薪。领导和同事把性格好的她当作"吉祥物"和"开心果"

般的存在，帮大家提供轻松愉快的工作氛围。

在不养闲人的职场，像朱闪闪这类娇花型女员工，若不是关系户，很难立足。

有一次我整理收藏夹里的文章，分类时发现大部分文章归类于情商、幽默、美容和穿搭等门类下，然后我意识到那段时间关于职场和技能类的文章看得太少。情商稍低虽说会致人心塞不快，幽默欠缺虽说会让人觉得无趣，外在邋遢虽说会造成视觉雾霾；但我觉得，相较职场女性的实力强、专业精、素养佳等内力而言，情商高、教养好、外在美这类外力，或许被太过强调了。

我在职场中目睹过一些年轻的娇花型女员工：别人一发言，她们眼睛里传达着求知和崇拜的小眼神；自己遇到困难，撒个娇、卖个萌发出现场求助；工作中犯个小错，凭借着可怜脸和无辜眼也能化险为夷。

我会辩证地看待这种娇花型女员工，如果本身实力过硬，业务了得，那我会心怀欣赏地期待合作；如果缺乏实干精神，徒有其表，那是捡了芝麻丢了西瓜的本末倒置。

职场女性有眼力见儿，能察言观色，会恰当示弱，也是一种能力。可我更欣赏有实力、本事硬的姑娘，能独立地系统思辨，能给出有建设性的建议，踏踏实实干实事，解决棘手的麻烦，事情交给她时就有种稳妥感，对项目进展有积极的推动作用。

如果再练就一两项必杀技，或者人无她有，人有她优的难以替代的核心竞争力，就算她们脾气没那么好，我也会心悦诚服地做好包容的准备。

Chapter 5

工作提案 | 年轻人怎么提前布局自己，会脱颖而出？

正如一位陈姓企业家在香港吃一碗牛腩所得出的启示那样，"有名气，真心好吃又没有分号的小店有不少，大部分态度不友好，吃完拿眼睛瞪你轰你走，可就有那么多人排队，脾气再大也能包容他们的服务态度"。

我在以前的工作中，接触过一个美国检查团，当天那位女检查员闪闪发亮。

她与我印象中美剧的人物设定不太吻合，没有职业套装，没有优雅的高跟鞋，但一如既往地职业化。从递送名片、自我介绍，到生产线问题排查，全程呈现简约的礼貌和过硬的专业水准。

她在储藏室里看到杂物，会追溯杂物的用途；看到大型设备，会在书本上画出模型，分析原理；对工具使用有疑虑时，结合产品说明书做出判断。她提的问题让资深技术人员抓耳挠腮，她给出防患于未然的建议也让众人心服口服。我看着她眼神放光地大胆假设、小心求证、独立思考、模拟推理、验证流程，顿时觉得她光芒万丈般迷人。于是，我把那天的见闻新建文档，保存在大脑中的"我的榜样"的文件夹中。

我看过一位女企业家的采访，她说有时女员工做了精雕细琢的指甲，画了浓密上翘的睫毛，结果会议上各种观点混淆，吞吞吐吐，真希望女员工把做美甲和化妆的时间多分点给工作。

我曾有个女同事，看到别的女同事很少化妆，就孜孜不倦地言传身教，说女人化妆是对别人的尊重。

可有几次会议她可能因为过度打扮而姗姗来迟，我觉得，迟到

189

比不化妆更不尊重别人。

我听一个设计界的朋友说过,他们公司的设计担当在业内拿了很多含金量超高的大奖。尽管她对客户表情冷漠,对领导脾气也不算好,但客户还是执着地指定要她设计,领导也不敢怠慢了这棵"摇钱树"。

以前我做海外销售时,业务之星在培训会上一针见血地指出大部分新销售的问题。

不必花太多时间与国外客户聊家常、侃人文、谈经济,花太多精力一对一地去和客户做朋友,这种方式性价比不高,只要你业务通透,为他赚钱,能搞定别人都搞不定的麻烦,他一定会主动找你。

我在深圳工作时有幸接触到一个从船务单证进化成业界大拿的人,她是那种有关部门要出台规定,咨询名单里肯定有她的智囊团成员。

我听过一些她入职时的事迹,她会仔细研究外贸单证正反面的英文条款,不懂的单词就查字典,领到的工资优先花在报英文班、买业务书上。

我从她的言语和行动中得到很多启示:时间精力这块大蛋糕,拿去琢磨别人的话中话,研判他人的喜好,分析自己给对方的印象,试图做一道亮丽风景线以后,真正留给专业技能的蛋糕块还有多大,不如将大把时间花在赏我饭碗的核心业务上。拼事业,如同掷铅球,如果可以,当然希望一边把铅球抛得又高又远,一边姿势优美仪态万千。但如果只能二选一,还是优先前者,毕竟经济景气时大家你好我好，公司裁员时，花里胡哨的东西再多，实力不足也自身难保。

不管外表是不是娇花，规划好个人职业生涯至关重要。《远见》这本书里提出，职业生涯可以被分为三个主要阶段。

大部分女性的法定退休年龄是 55 岁，如果考虑到延迟退休的趋势，以 60 岁退休计算的话，像我这样本科毕业就工作的情况，大概需要工作 36 年，每个阶段大约是 12 年。

第一阶段：需要添加燃料，强势开局，为接下来的两个阶段打好基础，找到自己的长板和热情所在，养成良好的工作习惯。这是探索和弥补自身"短板"的时候，如果你是一个糟糕的演讲者，那就去参加相关的培训课程。如果你对待团队成员过于强势或弱势，那就去参加领导力培训。

第二阶段：需要锚定甜蜜区，聚焦长板，在自己的长板、爱好和这个世界的需求之间找到交集，想方设法脱颖而出。可以找人帮你加强长板，比如，你善于制定战略，那就找个行动派专家帮忙落地。也可以为自己的价值贴上标签，在职场上树立起自己的品牌。

第三阶段：需要优化长尾，发挥持续影响力，比如，确定接班人，从执行或领导的角色转变为顾问或辅助的角色。

华而不实的娇花，容易被工作辣手摧花，实力武装还是招人喜欢？

你看很多又忙又美的女人，是把事业排在美丽前面的。

攘外必先安内，内力夯实方可从容对外。

有人说，漂亮加上任意技能都是王炸，在我看来，专业技能加上适度漂亮，才是王炸。

04
三十而立,是学历的"立"

"我真想给像自己一样起点不高的年轻人机会,但我真的很忙,试错成本大,等不及别人给我惊喜。"

我看着"2020年度创业者100人"的名单,字节跳动的张一鸣、快手的宿华、蔚来的李斌、滴滴出行的程维……

我好奇获得年度创业100人的人,都是什么学历。于是,我打开搜索引擎,顺着名单,逐一搜索了创业者们的学历,不查不知道,一查吓一跳。

字节跳动的张一鸣:南开大学。

快手的宿华:清华大学。

蔚来的李斌:北京大学。

小红书的毛文超:上海交通大学。

…………

从我查的数据来看，在这些企业家中，虽然有没上过大学的创业者，有毕业于职院的创业者，但是少数。绝大多数创业者有高学历，有海外名校的海归，有清北复交的毕业生。医疗行业，多为名校＋博士的组合；互联网和科技企业，尽管创业者多为本科学历，但很多创始人毕业于C9（国内9所著名的985工程高校）。

知乎里有个讨论：创业需要高学历吗？有人说，关于创业者：学力＞学历；关于打工者：学历＞学力。

现实却如《全球创业观察（GEM）2017/2018中国报告》的结论显示，中国创业者中最为活跃的群体是25～34岁的青年，中国低学历创业者比例逐步下降，高学历创业者比例有所提高。

白岩松在《一刻talks》上说过一句话，三十而立的"立"，指的是学历的"立"。

在现实中，名校生或高学历的人，在立业或成家上，都显现出优势。浙江海宁市公布了2021年人才引进计划，本科必须来自985、211或南方科技大学、中国科学院大学，或者QS200的高校。以博士和硕士研究生身份报考的，其本科也必须毕业于上述高校。

对"人才"的定义，以前一线城市用学历筛一遍后，再考查面试、能力、人品等因素，这种做法现在也被经济发达省份的小城市采用，以后可能连小县城也会效仿此道。

2020年腾讯校招接收了几十万份简历，但最终发出的offer（录取通知书）只有3000多份，录取率不超过3%。2021年在门槛较低的非技术类岗位，某知名互联网公司的报录比达到3000∶1。如此多的简历摆在人力资源顾问面前，最简单的算法就是看学历，这是高效而冷酷的筛选机制。

最近，"985相亲局"刷了一波存在感。有人支持，有人嘲讽。相亲者陈樊说："看重学历很正常，并不是说学历背景好就意味着成功，但这至少是一种证明，证明一个人的受教育程度、成长环境，以及是否有良好的上进心和持续学习的能力。"

以学历为逻辑建立的相亲平台早已存在。2013年"相遇未名"成立于北大，2015年"陌上花开"成立于清华。

参加"985相亲局"的名校生普遍认为，学历上的强强联合，门当户对，文化层次和学识水平相近，更有共同话题，培养的小孩，起点相对较高。

市民王先生表示理解："虽然显得功利、现实，但确实省时、高效，都毕业于985院校，收入、社会地位、三观较近，也许没那么幸福，但一定不会穷。"

不管是成家还是立业，名校生+高学历有隐形附加价值，在校期间享受到更优质的教育资源和师资力量，毕业起薪更高，给力的校友更多，眼界更加开阔。正如一位北大女生所说："进入北大让我大开眼界，看到一个人为了目标，可以努力到什么程度。"

社会上"都说学历不重要，应聘门槛依然高"的割裂感太害人了。

比如：清华北大，不如胆子大。

学习是一辈子的事，不是一张纸的事。

再比如，抖机灵：学历就是学习的经历，我每天都在学习，这就是我的学历。

我学历不高,但我是读过书的人。

又比如:

真是俗人,学历可以衡量人的什么?学历有什么用?

智者不怕学历低。

一个人可以没有学历,但不能没有学问。

知识改变命运,不是学历改变命运,不是分数改变命运。

这些话,更适应于草莽时代,和现实社会适配度很低。现在高薪的行业,互联网、金融、人工智能,没有学历,就意味着求职申请石沉大海。连家政、餐饮服务、房屋中介等行业,这几年,双学位、高学历的人,对这些看上去跟高学历不相关的行业进行降维打击的情况还少吗?

很少有人会忽略你的学历,耐心观察你的胆子、学力、学问、知识、智慧。企业家们声称学历和成功没有必然联系,招聘时,在他们的企业里,学历内卷更明显。

你向往的城市,心仪的行业,想去的大厂,非985、211不要,在职位描述里不明说,却是很多HR心中的行动准则。

《芭莎珠宝》的主编敬静说,她曾是门外汉,面试时,因为把布置的选题完成得很漂亮,然后就获得了offer。我快毕业时看的职场面试书和网络面经,什么捡起地上的垃圾,善待不起眼的老人,突然喜获offer,在现实中,在谁身上应验了?现实是,学历不漂亮,面试谈不上。

综艺节目《令人心动的offer 2》有这样的对比情况,名校生王骁整天张口闭口斯坦福大学,让观众不爽,二本生丁辉谦逊有礼业务好,让观众喜欢。丁辉说，我很清楚，哪怕只是比别人多走几步路，但正是这几步路，让我们来到了相同的目的地。可是，大龄考研想要改变命运的丁辉，因为做节目这个小概率事件，才和名校生到了相同的目的地，但终究是面对不一样的对待。

我最近和深圳好友聊天，他和几个大厂出来的人一起做游戏方面的创业。他告诉我，越面试小朋友，越心有余悸。他不是知名院校出来的，因入行早，当时机会多，现在应聘别人时，在没有代表作的情况下，就是简单粗暴地看学历。

"我真想给像自己一样起点不高的年轻人机会，但我真的很忙，试错成本大，等不及别人给我惊喜。"

在我的读者中，有些初高中生，跟我说复习不进去，跟父母闹别扭，跟男朋友谈恋爱，家里出点事学不进去，和对象吵架学不进去。我看着都着急，我建议屏蔽所有破事，在保重身体的情况下，专心学习。因为未来的你，很可能会因学历拿不出手，而后悔当初没有好好读书。

快毕业时，世界五百强只在名校开宣讲会，不去二流的大学招聘。

找工作时，名校生可能在校招就签约了，而你需要跑各种人才招聘市场。

投简历时，名校生手握多个名企 offer 纠结选哪家，而你的面试机会都很少。

看新闻时，新开业的火锅店招聘服务员，要求是 985 院校毕业，年薪 20 万元。

想落户时，不少一、二线城市人才的落户要求是全日制本科及以上学历。

孩子就学时，成都某小学入学面试，要求父母提供学历证明，入学的潜规则是父母毕业于 211 院校。

考公务员，有人觉得比起高考，公务员考试才是一考定终身，如果没有本科学历，基本没有报考资格，学历限制那栏，招博士的，最后可能十来个人竞争一个职位，本科以上专业不限的，上千人竞争一个岗位。就算进了体制内，你以为名校生和非名校生就站在同一起跑线了吗？别天真了，清北复交的高才生，去体制内才叫走仕途，其他多数人就是有保障的"螺丝钉"。

最近流行"情商高"和"情商低"的对比。情商高的话，出自德国哲学家卡尔·西奥多·雅斯贝尔斯：所谓分数、学历甚至知识都不是教育的本质，教育的本质是一棵树摇动另一棵树，一朵云推动另一朵云，一个灵魂唤醒另一个灵魂。

情商低的话，出自诺贝尔奖获得者经济学家斯宾塞：大学教育对劳动力市场而言，最主要的功能不是培养人才，而是鉴别人才，把人划分成三六九等，然后向用人市场传递价格。

可能高情商那句是教育的愿景，低情商那句，不浪漫，不温馨，但更符合我们目前所处的现实。

日子从来不是过以前，而是过以后，如果你现在还是学生，那就尽量好好学习，争取考个好学校；如果你已经是社会人，那就别为定局而内耗，好好工作，用另一种形式弥补学历的遗憾。

05
舒适的本质，是定期踏出舒适圈半步

人生很多时候，不是主动离开舒适圈，就是被动离开舒适圈，不是你看不惯舒适圈，就是舒适圈看不惯你。

有一年当当有个影响力作家评选，我有幸成为候选人之一。主编通知我参加活动时，我内心充满挣扎。

活动须知上，希望作者能录一份口播，我拒绝了，上交照片已让我跨出舒适圈半步，再大我就不跨了。

我觉得自己就是个写作爱好者，只想通过文字和读者打交道。

出书是作者的愿望，但宣传中往往希望我十八般武艺都会，写得了文章，录得了口播，上得了直播，可有些事情我不愿意做也不擅长做。

近年来，有个疑惑经常困扰我，人要不要积极跨出舒适圈，由此，我在脑海里举办过一场辩论赛。

正方辩友：

这两三年我过得很舒适，背后就是我一次次跳出舒适圈换来的。

大学拎包去义乌实习，毕业拎包去深圳闯荡，忙碌生活过够了切换成轻松生活，换个节奏慢的城市享受了一段时间，担心丧失竞争力，又开始业余写作。

反方辩友：

你的舒适圈，根本不是固定的。

很多人给自己贴个"社交恐惧"的标签，这个人说话不好听，下次少聊天；那个工作外联多，干脆不做了。

太宠着自己，太惯着自己，只待在舒适圈里，那么你的舒适圈会逐渐萎缩，你也会逐步退化。最后得出折中方案，人进入舒适圈后，先舒服一段时间，当觉得日子也没那么舒适后，再稳中求进地扩大舒适圈。

扩大的最佳打开方式，就是定期踏出舒适圈半步。具体怎么操作，我的经验如下。

一、确定舒适圈的圆心

我的电脑开机照片，对我有激励意义，是一张眼里有人影的企鹅照。看到照片，我出于好奇，就去了解摄影师背后的故事。

摄影师顾莹，曾是中国滑翔伞国家队队员，四次获得全国滑翔伞女子冠军。

后来她滑翔时意外受伤，休养期间偶然拍到珍稀鸟类，就从拍鸟类开始，成为野生动物摄影师。我曾纳闷儿滑翔伞运动员和野生动物摄影师的行业跨度太大，原来，顾莹父母都是空军，她从小就喜欢像鸟一样在空中自在翱翔的感觉。自己能飞时自己飞，不能飞后定格下鸟飞。

在我看来，顾莹舒适圈的圆心，大概是飞翔，甚至可以延伸到渴望自由或热爱自然。

现在这个快节奏的社会，给人提供的选项繁杂，很多人成为斜杠青年，既有副业刚需，还能释放潜能。有人拥有七八个斜杠身份，而且身份彼此之间没有某一两种核心技能做串联，很容易让人质疑这个人每个斜杠的专业能力。

我赞同马东的说法，斜杠不是加法，不是一些半吊子的能力凑在一起，就变得很强了；而是你最强的能力在不同场合的应用，才叫作"斜杠"；"斜杆"是"单杠"的自然结果，前提是你的"单杠"一定要够强。

每个人精力和时间有限，人生有些阶段需要做加法，但更需要沉淀之后做减法。根据你最擅长，或最热爱，或觉得最有意义的，找到舒适圈的圆心后，然后围绕圆心轰轰烈烈地展开舒适圈。

二、用专业巩固舒适圈

还以顾莹为例：为了拍摄高原特有的"红胸角雉"等珍禽，她驾驶越野车，独闯西藏2个多月，在深山中独守几周；为拍摄地球"三极"，她蛰伏在南极、北极、青藏高原等极寒无人区中，等待拍摄对象的出现，拍摄了3年。

巩固舒适圈，需要专业打底，这个过程很熬人。

对顾莹来说，几天几夜不眠不休，吃没味道的食物，长时间在帐篷里安静地等待拍摄目标的出现，这些是铸就专业的铺垫。

对我而言，在工作中，等工作上手以后，需要看一本本枯燥的专业书，不管自己或同事遇到特殊案例，都拿来当作研究标的；在写作中，等写作顺手以后，需要抽出业余时间看书练笔，生活里多观察多体验，持之以恒地输入和输出。

舒适圈之所以舒适，是因为专业给的底气。专业，意味着你在这个圈子里，见过自己或别人更多的错误和失误，而且通常能搞定。

没有相当的时间来巩固，终究只是试水而已，不会有真正的舒适感。

三、找到舒适圈后享受一阵

网友曾问蔡澜："怎样才能离开舒适圈？"蔡澜回复："为何？"蔡澜先生这两个字的答案，越品越精妙。

现在大家都喊着跳出舒适圈，有的是深思熟虑后的理性抉择，而有的是因为没有方向感，没有安全感，别人跳自己也跳，不然就显得不与时俱进。

有一天我在网上看到，有一个毕业生通过1年多的复习考入体制内，上了两三个月的班就开始迷茫，看到各种"你所谓的稳定"之类的文章，陷入了放弃不甘，继续也不甘的境地。

进入舒适圈后，当然先要自己爽一把。为什么要这么急于否定自己之前的判断和努力，终于得到碗里的东西，却马上想着锅里的东西，其实是你根本还没有安静下来，细细感受碗里的东西带给自己的成长。对我来说，我不想如此犯贱，付出多少努力，加了多少班，付出汗水泪水，好不容易进入舒适圈，一只脚才刚踏进去，转眼拔腿要跳出来，简直是对之前进入这个舒适圈所有准备工作的不尊重。

四、在舒适圈之外学习

我在读书会解读过巴菲特的投资理念，只买自己看懂了的行业和公司，这是能力圈原则。

而"看懂一个行业和公司"的定义是，能准确判断 10 年后这个行业是什么情况，以及 10 年后这个公司在这行业的地位。世界上能赚的钱很多，但他不熟不做，不懂不买。他不觉得自己无所不能，只专注自己熟悉的领域投资。所以当他购买苹果公司的股票时，被认为违反了自我原则。

但我恰恰觉得，这是他在舒适圈之外学习很长时间的结果。

一个人到底是要坚持原则，还是打破原则，是由原则之外的学习决定的。通过学习，扩大见识，加深理解，然后有了之前原则的修订版。

经过一段时间的深入学习和体悟，当你意识到舒适圈没有哪儿哪儿都好，甚至束缚自己发展时，也先别忙着跳。

对像我这样相对保守理性的人来说，秉持的原则是在能力圈里行动，在舒适圈外学习。

五、可以先踏出半步试试

有一次何冰做客《圆桌派》被调侃，作为演员，拍个宣传照都别别扭扭的。

窦文涛说他的心思都用在了演戏上，现在签了经纪公司，也得接受现代娱乐工业的布置。虽然拍戏是他擅长且热爱的，但是也得做些拍宣传照、走红毯等不擅长且不热爱的事。不用微信，不会电脑，从不化妆的他，在宣传期间也逐步学着去做，最后还去参加真人秀。小半步小半步跨出舒适圈的他最后感慨，人到这世上是来经历的，干点自己没干过的事，丢人就丢呗。

很多人面临着主体部分很喜欢，由此衍生出的枝叶部分不喜欢的处境，定期小跨步试试，有惊喜就再跨大步，太排斥则收回脚步。舒适圈的圈，是自己内心的舒服边界。在舒适圈待着最舒服，而对于舒适圈外的事，要不要做会经历一番挣扎。

跨出一大步，大概率面临着不适应和恐慌，总体来说，通过之前舒适圈外的学习积累，跨出相对有把握的半步。回看一路，我从给评选活动上交照片都扭扭捏捏，到大大方方地在小红书、抖音等平台上分享自己的短视频，这一路我都是迈着小碎步扩大舒适圈的。

人生很多时候，不是主动离开舒适圈，就是被动离开舒适圈，不是你看不惯舒适圈，就是舒适圈看不惯你。不想活得太节能，也不想活得太耗能，定期跨出有准备的半步，刚刚好。

06

比起熬夜,"熬日"更可怕

> 马萨诸塞理工学院学霸斯科特·扬说:如果每天能投入四五个小时,来完成重要的工作,那么你就战胜了世界上 95% 的人。

有微博网友曾说:跟熬夜对应的是,你每天白天在办公室无所事事装忙赚表演费,叫熬日。

在我看来,超标的伪工作就是熬日,让你事倍功半,透支激情,耗费能量,麻痹内心,产生挫败感和倦怠感。

一、伪工作,职场普遍存在

在朋友聚会上,一位朋友抱怨她的伪工作:

上早班车后,先打开指定学习 App 攒积分;

到单位后,打开定位,登录打卡系统签到;

电脑开机后,点开学习软件播放选修课;

午休时群里收到答题通知,然后扫码作答;

下午开会,做会议纪要的时间比开会长。

她感慨规定工作没做好,小则影响个人工资,大则影响集体评优。等做完规定工作,留给业务的时间已经不多了。

有没有上班,看签到签退的时间;有没有开会,看有没有签名打卡;会开得好不好,看工作留痕是否规范。

有时学习系统在线人数较多,导致界面打不开,得一遍遍刷新网页;有时钻研业务,临时说要答题,钻研业务的心流时间被强行打断。

朋友越说越激动,说自己的工作目标是成为业务骨干,但深受工作中伪工作的折磨,让工作和学习浮于表面,流于形式,浪费时间,影响心情。

朋友说的伪工作,职场上随处可见,仅用1年就学完4年制马萨诸塞理工学院计算机科学课程的学霸斯科特·扬说:"所谓'伪工作',指的是查收邮件、浏览网页以及对未来影响短于6个月的任务,虽然这类事项与工作有一定的联系,但它们并不能帮助你实现重要的工作目标。同时,在工作时间内虚度光阴,一事无成时,也是一种伪工作的状态。"

二、伪工作,需要宽容理解

每个人的工作中都有伪工作。我觉得,越是大公司、大机构,伪工作占比越高。

我以前的公司,有一次要给有关部门出具情况说明,先拟好电子版内容，找主管过目修改后，申领印有公司名称的抬头纸打印，然后填写盖公章的申请表，经主管、部门经理和分管经理三级审批，才能把章盖上。

对此我有抵触情绪，后来听说不是跟效率过不去，而是曾有人私盖公章造成重大损失。

以前说隔行如隔山，现在同行也隔山。规模越大的公司，专业分工越细致，每个流程点的操作人员和检查人员，都有相应的指导文件和考评指南。

操作岗位有人离职不会影响运转，监察岗位有人越权不能掀起波澜，制约以制衡。

变更哪颗或哪几颗螺丝钉，业务都能正常运转，启动"招聘—培训—上岗"，培养皿中的适岗员工立马上手。

由于分工细致、权力分散、流程控制造成的伪工作，虽存在效率损耗，但也保证了大局安稳。

所以，提到伪工作，如果你像我朋友那样全盘否定、全面排斥，你需要消化更多负面情绪，做出更多心理基建，用有上限的时间精力，去抗衡伪工作带来的没下限的情绪疲惫。

三、伪工作，更需要时刻警惕

有些伪工作是公司文化的跑偏——公司装忙。

正经业务没多少，却让人不得闲，熬鹰式加班，下班前开会，周末搞团建。

匆匆立项的项目，忙活几天又被砍掉；整天开会头脑风暴，得不出建设性结论；得了建群狂热症，群数总比人数多。

有些伪工作是公司管理的应付——个人装忙。

你让我看视频学习，我静音播放；你让我休息时开会，我直播加班。上有政策，下有对策，用事务性的忙碌把自己灌醉。

朋友圈给领导点赞，微信群为上级捧哏，虽然没什么成果，但真的忙翻了。

习惯伪工作后，渐渐活成和菜头所说的"大公司里的活死人"——你提升的未必是业务能力，而是做员工的能力，就是提升自己好用的水平。

无论在哪儿打工，无论为谁打工，无论和谁打工，都能面带微笑，理解命令，不带任何感情色彩地执行完毕，习惯加班、补锅、背锅，习惯写邮件、写总结、写PPT，习惯有条不紊地和其他部门扯皮，按照公司风格完成任务。

所以，别看自己一天忙忙碌碌，就被劳苦功高的自己感动，定期自我复盘：提升的是业务能力，还是做员工的能力？是忙于工作边角料，还是攒下核心竞争力？

四、真工作，才是硬核指标

伪工作，难以避免；真工作，才是立身之本。

我心中拎得清的职场高手，能区分真工作和伪工作，并将其调整成最佳配比。

我们中的大多数人之所以又忙又累，钱少愁多，很可能是总工作时间很长，但真工作时间很短。

其实，真工作所需的时间，比我们想象的要短。

哥伦比亚大学的乔西·戴维斯博士，在《每天最重要的 2 小时》一书中说：当生理系统处于最理想的状态时，每个人都可能表现出令人惊讶的理解力、情感控制力、解决问题的能力、创造力和决断力，但其实这种时间不会持续太长。

作家毛姆说：达尔文每天工作 3 小时就成了著名科学家，作为一个作家，每天 3 小时的工作时间就足够了。

马萨诸塞理工学院学霸斯科特·扬说：如果每天能投入四五个小时，来完成重要的工作，那么你就战胜了世界上 95% 的人。

五、如何压缩伪工作，增强真工作

1. 记录工作日志。

斯科特·扬提出记录工作日志，操作很简单，只需记录每项工作的起止时间，坚持几天，然后分析。

首先区分并划分伪工作，我的经验是：

如果是项目型的工作，引入报关术语"净耗"的概念。净耗是加工生产中，物化在单位出口成品中的进口料件数量。

拿我写作来说，随便看一篇文章，这是伪工作；只有确定选题后，找到有参考价值的文章，甚至引用部分内容在成稿里的是真工作。

如果是指标型的工作，结合公司的 KPI，再来斟酌自己的 KPI。

拿我的工作来说，公司规定我每天完成 10 单，我会希望这 10 单种类多元，让我接触到更多案例，查阅更多资料，询问更多牛人。就算公司把我当工具人，我也在解决问题中学到东西，吸取养分，把自己打造成复合型人才。

我对自己的要求是,全身心投入去做核心任务的真工作时长达到 4 小时,如果上班遇到棘手的案例,当天写作任务就减轻。

因为我知道,以我的思辨力和专注力,再增加工作时长,达不到心中的标准,还会让我身心疲惫滋生怨气。

2. 降低伪工作占比。

伪工作可能更劳累。

脱口秀演员呼兰说,活少还要装成活多的样子,用表演术语来说,叫无实物表演。言下之意是装忙难度更大。

而真工作可能更轻松。

米哈里·契克森米哈赖提出"心流"概念,做某事时进入全神贯注、投入忘我的状态,做完后充满能量且非常满足。

回电话、回邮件、填表格、填报销单、完成规定动作等,检查每项伪工作,看看有无必要和改善空间。

如果有,记在小本本上,当向上级反映的通道开启后,用数据说明,用措施说服。

如果暂时没有,尽量不要耗损心绪,不带感情色彩地去做,而且找自己精力不好、效率低下的时段去做。

伪工作的时间有两个更好的分流途径:一是分流到真工作;二是分流到休息或玩耍。

3. 提升真工作比重。

为真工作创造一切条件,乔西·戴维斯博士经研究提出一些小窍门。

声音方面：安静无噪声最好，白噪声次之，断断续续的说话声最不利。

光线方面：自然光最佳，灯光中优先偏蓝光，调暗灯光能激发创造力。

收纳方面：尽量清走办公桌面和电脑桌面的干扰物，关掉各种提示音。

饮食方面：多吃含糖量低、含蛋白质高的食物，少食多餐，定时补水。

训练方面：运动能降低焦虑，提高反应力和执行力，冥想能提高注意力。

心理方面：分辨出哪些工作最易消耗心理能量，投入真工作前尽量避免。

用好一天中效率最高的 2~5 个小时，把身、心、脑调试成最优状态，去做真正重要且有价值的事情，余下的时间，完成那些不太需要策略性或创造性思维的工作。

还在伪工作的你我醒醒吧，熬日比熬夜隐蔽多了，内耗多了，也可怕多了。

Chapter 6

家庭提案
一个人是一支队伍，一家人就是一万雄兵

致老公：男人们还想和他们的父亲一样生活，可女人们已经不愿意像她们的母亲一样生活了。致婆婆：一个家只能有一个女主人。

谁痛苦，谁改变；谁损失，谁负责。我再加六个字：谁做到，谁厉害。

01

结婚,是先领证再学习

致老公:男人们还想和他们的父亲一样生活,可女人们已经不愿意像她们的母亲一样生活了。致婆婆:一个家只能有一个女主人。

某个月初,我收到好朋友小尹婚宴的电子邀请函。

伴随着浪漫的音乐,一张张婚纱照映入眼帘,中式的、西式的、唯美的、逗趣的……

"当喜欢与合适撞个满怀,我们决定陪伴彼此度过漫长岁月,以前眼前人是心上人,此后心上人是枕边人,我们决定,让爱以夫妻之名延续。"

看着他们幸福的照片、婚姻的宣言,我希望这些年相亲后找我分析,失恋后找我诉苦的小尹,一定要得到最好的幸福呀!

正当我默默祝福之际,收到小尹的信息:"作为一个婚龄5年的人,对我有什么结婚寄语吗?"

自己的婚姻、朋友的婚姻的一幕幕，像电影闪回片段般滑过脑海，我百感交集，感慨万千："我们以前经历的考试，都是经过学习、复习、冲刺才拿到证书，但是结婚正好相反，先拿完证书，再开始学习。"

婚姻里有很多随堂测验，亲密爱人需要随时学习。虽然我只发了短短一段话，却在心里给她写了长长一篇文章。

在我看来，婚恋之中，有三个阶段最考验人。

一、婚恋的起始阶段，面临"四角恋"风险

万事开头难，两个人刚在一起时，由于三观差异，习惯不同，相处的摩擦系数很大。

多少人捂着心口大呼失望，"想不到你是这种人""没想到你会这么做"。于是，快刀斩乱麻，止步第一关。

婚恋初期不是两个人的婚恋，而是四个人的。除了你和爱人之外，还有爱人眼中理想的你，以及你眼中理想的爱人。

忆往昔，我和老公刚结束异地恋在一起时，他放弃原先的一切，我接受未知的命运，两个人下了很大决心，鼓起很大勇气，却险些被一顿饺子毁了。

我是南方人，那时我看冬天跨区通勤的他又冷又累，决定回家包饺子送惊喜。我从没包过饺子，又是看视频，又是备食材，为他做白菜猪肉饺子，用手攥出白菜里的水。

在准备过程中，我幻想他一进屋，闻到热气飘香，不禁执手相

看泪眼，竟无语凝噎。他的心理活动，我都提前想好了：陌生的城市有盏灯为他而亮，严寒的冬天有饺子为他而包，令他心头一热，铁汉柔情。

结果证明我都市剧看太多，内心戏想太密，他回家一脸倦容，看到饺子，言辞敷衍。热气腾腾的想象碰上冷若冰霜的现实，那天我们爆发了激烈的争吵。

他抱怨"没多爱吃饺子""晚上吃了难消化"，我发火"好心当驴肝肺""不感恩我的付出"。我俩的吵架像乒乓球，迅速升级到扣杀，力度随着回合循环不断增强。

后来的场面已经发展到他给家人打电话哭着要回家，我也起誓再和他讲话就改姓。

回想起来，刚在一起的情侣就像鬼片，表面上只有两个人，其实还有两个想象出来的人。

他想象的我，懂他喜好，不要太言情，简单过日子，别太讲仪式感，不太要求他有言情做派。

我想象的他，爱说甜言蜜语，多做浪漫行为，看得见我的付出，在灰头土脸的生活里活得很励志。

这关的通关要领是，承认并接受我们的家庭、教育、经历、感受、审美都不同。正如毛姆在《面纱》里说的："我对你根本没抱幻想。我知道你愚蠢、轻佻、头脑空虚，然而我爱你。我知道你的企图、你的理想，你的势利、庸俗，然而我爱你。我知道你是个二流货色，然而我爱你。"

二、一方有看得见的压力，另一方有隐秘的压力

婚姻中，两个人同步稳步进步，是小概率事件。更可能一方春风得意，另一方事业不顺。很多人只看到事业不顺者的压力，忽略了另一方也有不足为外人道的压力。

我的一个女同事，老公所在的两家公司相继破产，拿了赔偿金，在家当奶爸。

聚会时，女同事经常抱怨她老公，着眼点和落脚点都是鸡毛蒜皮的小事，如衣服挂在晾衣架上几天也不收，拖把用完就是不记得放回原位。我听着同事抱怨，察觉到小事情背后的大情绪。

陈海贤在《爱需要学习》一书里讲道："当一个家庭面临经济压力，而压力又来自丈夫的事业不顺时，妻子一方面会责怪对方，为什么不能多帮助家里承担一些压力和责任；另一方面会责怪自己为什么会有这样的想法。女方也会更需要对方的安慰，把她从这种矛盾的心态当中解救出来，可是这些话又不能直接说，担心说出来会影响感情，所以就以指责的方式表达出来。"

听君一席话，胜离十次婚。

现实生活中的婚姻，双方进步不同步，不顺的一方越是逞强，顺利的一方越是包容，各自尽力维持这种纠结拧巴的状态，直至忍无可忍。

电影《消失的爱人》里有句经典台词："想测试你婚姻的薄弱点吗？过一段穷日子，丢掉两份工作，那惊人地有效。"未经事的年轻人只觉婚姻现实，却不知情感微妙。

如果不顺方能坦诚地说出自己的脆弱和无助，感谢对方的付出

和体谅，顺利方能透过现象看到本质，说出自己对未来的怀疑，希望得到不顺方的安慰鼓励，这样直面内心，坦然沟通，更容易挺过婚姻的至暗时刻。

三、孩子出生以后，每个人都面临重大调整

美国的一项社会调查显示，有92%的人表示在生完孩子后，夫妻的冲突逐渐增加。在生完孩子的第2年，有25%的夫妻关系陷入困境，数据不包括分居和离婚的情况。

未雨绸缪的我，在怀孕前就狂看各种知乎热帖，为什么产后1年夫妻感情最差？为什么产后两三年夫妻关系最受考验？

从产后身体恢复，到产后情绪调养，再到家庭成员新形势下的新关系，从产生原因到预防措施，我原以为自己做足预案了，万万没想到，产后不到半年，我跟老公吵到跑出家门，他抱着孩子追出来；我跟婆婆吵到面红耳赤，差点去心理科挂号。

生完孩子后，我顿悟自己生的不只是一个婴儿，而是一个重新编码的我，生理、心理、社会角色和家庭角色瞬间改变，以及一个重新洗牌的家，长辈们携带着几十年的生活习惯空降到家里，分分钟让我领悟"爱情和结婚是两个人的事，有了孩子就是两家人的事"。

我那个阶段可以给身边人随时随地写小作文。致老公：男人们还想和他们的父亲一样生活，可女人们已经不愿意像她们的母亲一样生活了。致婆婆：一个家只能有一个女主人。

至今想想，仍然汗颜，被激素蒙了心的我，只想一顿戾气输出。

什么时候我开始主动学习、积极改变呢？一次，我抱着女儿去

Chapter 6
家庭提案 | 一个人是一支队伍，一家人就是一万雄兵

打疫苗，路边汽车响了一下，女儿惊恐地缩到我怀里，我不禁反思：家里持续"响"时，女儿能缩到哪儿去？

于是，我决定从夫妻关系重建开始，毕竟一个内耗型的家庭不利于孩子成长，互为差评师的夫妻二人也会相看两厌，于是我和老公心平气和地谈谈，有孩子后，自己做得好和不好的地方，对方做得好和不好的地方。把为自己辩解，变成为对方考虑。

老公说：你和我爸妈闹不愉快，我每次都站在你这边。我承认：我每次都和我爸妈背地里说你坏话告你的黑状。

老公说：你爱看心理学的书，就拿我和我爸妈当素材。我承认：你从来没有说过我的家庭和朋友的任何不是。

一番促膝长谈，增进了对对方的了解，更增进了对自己的认识。夫妻有效沟通积极纠偏的态度，给所有家庭成员做了表率。

我现在可以说，截至目前，产后一两年，是夫妻关系最好的日子，是婆媳关系最亲的时光。仅有的一次大吵，让大家想了很多，学了很多，改了很多。

托尔斯泰有本小说的开头说，幸福的家庭都是相似的，不幸的家庭则各有不同。其实不幸的婚姻都一样，就是内耗彼此却从不学习。

热衷于八卦新闻，可以为了不认识的明星的感情分析半天，却不会研究自家的情感状态。

买东西货比三家，为同一个问题吵过三次架以上，却不反思双方是否陷入沟通负面循环。

不要把爱停留在理念里，而要把它放到实践中，爱不是一种感

觉,不是一种状态,不是一个成品,它是一种能力。

梁静茹唱着"爱真的需要勇气",实际上爱更需要学习。久处不内耗的亲密爱人,都是活到老学到老。

02

从二人世界，平滑节能过渡到三口之家

相处时的心动感，凝望时的深情感，才是
爱人区别于其他人的核心竞争力。

2021年我填写一份工作调查表，填完婚姻状况、结婚日期、家人信息后，瞬间有点恍惚。以前，只填自己的信息。现在，我和老公有了女儿。结婚5年，我学会了一些婚后才明白的道理，不多，14条。

二人世界：一屋两人三餐四季

一、就算有娃，也不要分房间睡

前几天，我去朋友家参观新居，她告诉我，她和老公分房间睡，我听完后旗帜鲜明地反对。她说出"睡眠很浅"这个原因后，我暂时保留意见，除非影响身体健康，否则最好一起睡，我反而觉得半夜醒来，对方均匀的呼吸声更能助眠。

二、就算吵架，也不要夺门而出

我们有一次吵架，我夺门而出，事后老公告诉我："其实你不知道，你摔门走了，我自己在家里有多受伤。"此后双方都有意识地好好说话，就算我们争吵，也不夺门而出，不分房间睡，顶多背对背表示怒气值，第二天醒来，又和好如初。

对对方做过的错事，一旦接受，就不要再翻旧账，也不要让自己憋屈，幸福在于爱，在于自我的遗忘。

三、吵架就事论事，不要追溯

看到一位作者说，她听到一对夫妻吵架，吵得很有水平，他们做饭时，为了大蒜是拍还是按吵起来，他俩后来达成一致，小的蒜就按，大的蒜就拍，然后继续愉快地做饭。

结婚后经常为生活中鸡毛蒜皮的小事吵来吵去，但是吵架，只针对真正要吵的事，不管此事有没有达成共识，都尽力做到不追溯，不扩展，不延伸。不要由微小不满，变身回忆录作家，细数陈年旧账，疾风骤雨，从里到外地指责对方，又在指责对方的过程中，感知到自己的悲凉。

四、不给对方设限，让男人爱上说话

我常听到身边朋友抱怨，自家老公不爱说话。而我老公和外人在一起时，内向到冷酷；跟我在一起时，外向到话痨。我从恋爱起就提醒自己，不要用什么"标准老公""标准男友"的话术和情商去

训练他，让他想说什么就说什么。

他说话时，好好听着就好，不在道德上上纲上线，不试图教他做人，不指责他的想法不成熟，尊重他那片我不懂的精神世界。当然，也不必要求自己强行夸奖他、崇拜他。

五、憋大礼不如小确幸

我曾听朋友埋怨，她送她先生很贵的衣服，结果她先生轻描淡写地感谢了一下，她把委屈种在心里，在多次吵架中引为素材。

先是为什么你不爱穿我送的衣服；再是为什么只有我送你，你送过我什么；最后是为什么总是我想着你，你想着我什么了？

我不知道怎么接话，我只知道，送礼物一定要投其所好，我送老公礼物，就直接问有什么又新又好又想要的游戏，惊喜感是差点，但彼此都轻松满意。

六、为对方制造浪漫时，浪漫的标准由对方定

我有一个女同事，两口子相当恩爱，有一次女同事说，她老公玩游戏时，她在旁边看着。我和老公说了此事，他觉得这一幕极度浪漫。他曾经抱怨过我的爱好（看书）不如他的爱好（游戏）那样，能让两个人都参与其中。无奈我的游戏水平实在太烂，但我发现偶尔看着他打游戏，了解自己不太懂的东西，在他高兴时陪着他，也挺浪漫的。

七、你的爱人，必须长在你的审美点上

在感情中，我认为一定要找"情不知所起，一往而深"的人，有钱、家境好，也比不上有趣、外表不油腻、自律这么深得我心。

我甚至不认为需要有多聊得来，哪怕是精神上的空虚，也可以寄托于创造和创作。

但相处时的心动感，凝望时的深情感，才是爱人区别于其他人的核心竞争力。我老公长年在乎自己的形象，注重卫生，研究穿搭，把自己拾掇得干净清爽有风格。我也一直实践着成为更好的自己。

哲学家桑塔耶那说：爱情的十分之九是由爱人自己造成的，十分之一才靠那被爱的对象。

他提供一点素材，我需要把他想象得更好。

八、每天都要表达"我爱你"

"我爱你"及其衍生内容，在微信上说，在家里说，上班前说，回到家说，看电影煽情片段时说。**每天有凝望，当他看着你时，不要想有没有痘印，眼圈黑不黑，要用坦诚的眼神，迎接他的目光。**

九、谈恋爱和结婚，女人一定要给自己节能

在男女相处中，女方如果执着于"虽然我不说，但是他要懂"的游戏，注定会活得很累。我现在学会**直接提需求，直接在稍有不开心的时候就告诉对方**，而且剧透到对方应该怎么做的地步。自己生病，不要装坚强，直接告诉对方需要呵护以及呵护的具体步骤。只要他问你有没有生气，就先说生气了，不要装大度，心眼小就直说，在气还没越生越大之前，把它扼杀在萌芽中，就不会耽误自己接下来的好心情和要做的事。赶紧自发而高效地恢复快乐。夏目漱石说过,所有的快乐,都会在最后归结为生理现象。

三口之家:一家两人三代四老

十、我们的孩子,你提供姓,我提供名

我超凡脱俗的老公曾说,孩子是我辛苦生出来的,应该随我姓。我感动一秒后回绝了他,孩子随他姓,我来取名,我想了很多个备选,我俩一起从中挑选,他知道我想出的每个名字的含义,不需要多解释。

十一、孩子以后热爱对方,那是自己的功劳

我们的孩子,现在还不会说话。每次我俩跟孩子沟通,他教孩子叫"妈妈",我教孩子叫"爸爸"。我告诉孩子,以后像爸爸一样爱干净;他告诉孩子,以后像妈妈一样爱看书。我告诉孩子他的优点,他告诉孩子我的闪光点。不要互相攀比辛苦,我们甚至不想告诉孩子,我们为了她有多拼、多累。成年人都知道生活是怎么回事,在外不容易,在家要甜蜜。

十二、夫妻是利益共同体,谁都无法侵犯

有一次朋友跟我诉苦,内容大概是自己丧偶式育儿,全靠双方父母帮忙。我劝她打破这种模式,试着让双方父母暂时离开,由夫妻共同育儿。孩子哭闹,她跟老公撒娇说自己辛苦,让老公搞定。

在育儿这件事上,夫妻永远是利益共同体,哪怕你父母埋怨你老公,你听听别往心里去;哪怕你公婆跟他们的儿子埋怨你,你老

公也得站在你这边。夫妻一条心育儿，传帮带也好，先进带后进也好，两个人必须成长为可靠的战友和盟友。

十三、不要求对方融入自己的原生家庭

我的原生家庭很有纪律感，我和我爸妈，我们都是早睡早起，三餐定点，吃得简单营养，除了水果和牛奶，平时很少吃零食。而老公的原生家庭，他爸妈起来后做好几样早餐，家里常备多款糕点零食，谁想几点起就几点起，想吃什么就吃，比较自由。

没有谁对谁错，不同而已，但两个人在一起，你搞定你的父母，我搞定我的父母，谁的父母谁负责解释，不要给对方添堵。

十四、夫妻关系是所有家庭关系的核心

当对方提起原生家庭中的不满意，责怪自己家人的时候，握着手，好好听，不发一言。我老公曾经跟我说，如果不喜欢他家的家族群，可以直接退出；婆媳关系不舒服的话，可以减少相处。结婚其实对两个人的影响可控，但是有孩子后，改变是颠覆级别的，尤其是一方父母来照顾小孩，简直是把那一方的原生家庭整个搬进家里。这时候双方要明确，夫妻关系才是核心，越是父母在，越要添油加醋地强调恩爱。

总之，婚后5年，我们完成从一屋两人三餐四季的浪漫，到一家两人三代四老的现实。

夫妻两个人是核心，之前一起玩，玩得开心；一起战，战得尽兴。希望接下来的岁月，有过之而无不及。

03

把婆媳关系当成一件小事

我想说,简单点,婆媳关系简单点。其实就分两种情况,你需要婆婆,还是不需要婆婆,就这么简单。

很多读者让我聊聊婆媳关系的问题。

核心观点亮个相:婆媳关系不是重点,哪怕有了孩子后,也不应该成为重点。

不管你有幸遇上好婆婆,还是不幸遇到恶婆婆,每个人认领到的婆婆并不一样。恕我直言,就算婆婆的使命,是为了照顾儿媳和孙子孙女,你和她之间在教育背景、成长经历方面,也有巨大的鸿沟。

你基本碰不上理想版的婆婆——你想她出钱,婆婆豪爽;你想她出力,婆婆待命。你们生活习惯相似,育儿理念一致,提供有建设性的帮助,提供让你愉悦的情绪价值,生活有一点就通的默契。

糟糕，今天内耗又超标

哎，醒醒，你的婆婆更可能是这样：做饭不合口味，生活习惯邋遢，身体不好经常诉苦；很势利，看不起你，觉得你能嫁给她儿子，捡了大便宜，看不惯你；喜欢孩子，甚至跟你抢孩子，跟你没话聊，对你没兴趣；埋怨你为什么生了个女儿，是个儿子多好，反之亦然；认为你太过焦虑，你的育儿理念和行为矫情又较真，当年人家几个孩子都轻松拉扯大，就你事多。

不管怎样，有一点可能相同：当你全盘否定婆婆时，你内心深处也会想到她对你为数不多的好，以及她处境的困难和不易。而当你觉得婆婆待你亲如母女，恩重如山时，你内心深处又会想起她对你做过的那些让你不爽，甚至伤害你的事，尽管很少，但确实发生过。

不要一下子观念先进，觉得公婆辛苦一生，没有义务帮你们的小家，帮你们是情分，不帮是本分；一下子又观念传统，觉得带孩子不是妈妈自己一个人的事，小两口没老人帮带娃根本搞不定，希望婆婆能帮助你，但你又嫌她帮得不够好。

太拧巴，心会累。所以，不管讨厌婆婆还是喜欢婆婆，别说你们家情况有多特殊，别说你的婆婆有多奇葩，别说婆媳关系千古就是难题。我只想说，从现在起，把婆媳关系当作小到不能再小的事。

我看过有人煞有介事地分析，在钱、心、力层面随机组合，有钱有心有力的婆婆完胜，没钱没心没力的婆婆完败。我想说，简单点，婆媳关系简单点。其实就分两种情况，你需要婆婆，还是不需要婆婆，就这么简单。

不需要婆婆相对理想，归纳起来有三种情况。第一，可能你的父母愿意且有能力帮你，身体好，你们原生家庭的氛围很好。第二，你有钱支付育婴嫂的费用，而且特别难得地找到了信任的育婴嫂，帮你解决带孩子的问题。第三，你们夫妻两个人协商出办法，一个人有足够的实力去赚钱养家，另一个人有带娃的能力。

除此之外，你对公婆有需求。可能你能够支付育婴嫂的费用，但是你不够放心，就算不需要公婆承担任何家务，至少你需要公婆来监督育婴嫂。可能家里的经济负担已经很重，车贷，房贷，育儿教育的支出，你们夫妻努力工作，经济方面还感觉吃力。你的父母或许出于身体原因，或者和自己原生家庭合不来，或者想去享受自己的人生，不想被孙子绑住，不愿或不能来帮带孩子。

如果没需求，那就好办，直接把婆媳关系当成人际关系去处理，喜欢就多相处，不喜欢就少来往。如果有需求，那也好办，直接把婆媳关系当成同事关系去处理。由不得你喜欢不喜欢，为了你们共同的目标（看娃）而努力。

既然是同事，就不要对对方过度期待，婆婆买菜做饭，把你们一家三口的饮食起居照顾得很好，对家庭整体氛围负责，对孩子的教育负责，别异想天开好吗？婆婆的工作，就是在你们上班期间看下孩子就行了。我知道很多妈妈会觉得，婆婆的观念不够科学，做的家务不够卫生，看不下去，一看到就想说，说了就容易吵。

我的忘年交同事曾跟我说，她有一个朋友，去上海帮儿子儿媳带孩子，她儿媳是连孩子吃香蕉都要精确到几点几分的人。

没过多久，婆婆得了癌症，不仅没办法帮他们带孩子，儿子还得腾出手来，从时间和经济方面支援婆婆。

所以说，哪怕你觉得现实已经够糟了，你工作很累，下班带娃，老公不贴心，婆婆不省心，但现实完全可以更糟。

你的婆婆身体好好的，能作个妖，对你来说，至少是个好消息。一大家子在一块儿，如果拎得清一点，家和万事兴，为家庭氛围去贡献自己的力量，每个人能从中分得巨大红利。对于同事，平时该夸就夸，送送小礼物，节日送问候，大家都能增加积极性。

上海某幼儿博士曾经说过，她当时生女儿时，她的婆婆跟她说，要把这个孩子裹得特别紧，她觉得婆婆说的完全错误。她的二儿子是在美国的一个医疗机构生的，但是美国医生也说，要很紧地把孩子包裹起来，避免惊跳反射。博士说，其实有些老人的经验是有道理的，只不过缺乏科学证明。其实谁错谁对，没有那么重要，公婆基本上不可能害孩子，他们也有经验。

一件事，不仅要考虑到严重程度，还要考虑到发生的频率。像我曾经看我婆婆把着孩子大便，之前月嫂跟我说不要把屎把尿，看到的当下，我很想说。但我脑子里飞速想了三个问题。第一，婆婆养了两个儿子，到现在都好好的，不至于把一次就伤害到孩子，严重性好像不高。第二，婆婆不是日常带娃，平时也很少把，这次是特殊情况，因为那天孩子大便比较干燥，频率也不高。第三，我婆婆是个强势的人，我说了她心情不好，况且她身体也不好。对看不惯的做法，我的方法，老人的方法，书上的方法未必绝对正确，互相穿插，多元补充，可能更有利于取长补短。

对绝对不好的做法，自己爸妈，很好开口，对公婆，我的妙招有：

1. 列 Don't do it（不要这样做）清单。比如，我们家用的恒温壶，平时接自来水，放到插座上，先煮沸，再自然回落到45℃，如果忙乱，可能只是把自来水放上去，就算没有先煮沸，水温也能上升到45℃。所以我在清单上写上"恒温壶先煮沸"。再比如，很多人喂孩子比较烫的食物，会条件反射地用嘴吹凉，怕烫着孩子，但这样不卫生，可能会造成幽门螺旋杆菌的传染。所以我在清单上写上"很烫的食物放温再喂"。这些经验，不是只针对公婆，对任何人，包括对自己都有提醒作用。

2. 体检时问医生。对有些不确定的问题，等体检时，公婆同行，问问医生，大家更相信医生的话。

3. 育儿节目一起听，吃饭时，可以播放育儿节目，全家人一起听，总是妈妈在学习育儿，其他人都是经验主义，妈妈容易成为家里的异类，大家一起进步，妈妈阻力就会减少。

婆媳关系不重要，那么，什么最重要？我记得有一次，我用背带背着女儿去打疫苗，走着走着，路边有辆车突然响了一下，孩子一下子吓得往我怀里缩，那个反应，让我特别难忘。

我在想，家里面如果有人大声吵架，或者大搞冷战，孩子会不会也想往大人怀里缩，但大人忙着吵架或冷战，根本没注意到给孩子造成的伤害。为孩子好，真的不用挂在嘴边，家庭氛围和谐，就是对孩子好。

"婆媳关系不重要",我想对媳妇说,也想对婆婆说。我看到过不少婆婆或儿媳,说起对方,青筋暴跳,情绪激动。

悠着点,不值得。家庭层面,孩子身心健康,夫妻关系,家庭氛围,三代人的凝聚力,比婆媳关系重要一百倍;个人层面,身体、心情、精神、工作、爱好、梦想等,也比婆媳关系重要一千倍。

别再纠结你的婆婆不爱你,只要她爱孩子,就是帮你腾出时间来爱自己。如果她不爱孩子,那你们夫妻赶紧多赚点钱,让钱帮你承担一部分生活的狰狞。

04
不要被"密集母职"的社会风气绑架

一个女人除了是妈妈,她还有其他社会身份,有人以当母亲为乐,但也有很多女人想把社会属性或专业技能发扬光大。

    我很喜欢一个小女孩,因为我和她妈妈是好朋友。可是过去的一年,我一直在吃这个小女孩的醋。自她上一年级后,我和她妈妈的见面次数屈指可数。

    好几次我主动约朋友,她不是在送孩子去培训班的路上,就是在陪孩子上培训班的班上,日理万机到抽不出时间来与我相聚。

    有一个周日,好不容易我和老公找了个理由,去她家吃饭,也没聊几句,饭后她陪女儿练钢琴,把她先生打发过来跟我们社交。

    她家新买的"老破大"的学区房,客厅里添置了儿童把杆和钢琴等新家具,让我想到中学墙壁上的大字:为了孩子的一切,一切为了孩子。

在她家，我有点恍神，衣着不太在乎，妆发不太在乎的朋友，和我以前认识的那个去跳拉丁舞把身材跳得很好、周末经常张罗聚会笑到抽筋的人，是同一个人吗？我明白她的人生拿到了新指令，但我也看到她的一部分，似乎被什么东西给吃掉了。

从前听过一首粤语歌曲：《花吃了这女孩》。女孩小时候可能会被像花一般的爱情吃掉，长大后可能会被所谓的"密集母职"风气吃掉。

密集母职的概念，是在20世纪90年代由莎伦·海斯提出来的。用来描述一种在社会上越来越普及的观念，妈妈首先应该是照顾者，应该投入大量的时间、金钱、精力、情感和劳动，来集中抚养孩子。

育儿专家沈奕斐说，在她的研究中，发现很多家庭，全家人的生活，完全围绕着孩子进行，从居住到经济再到假期安排，都是以孩子的需要和节奏为主。

亲子关系高于夫妻关系，更高于代际关系。通常为孩子付出最多的妈妈，如果是职场女性，更会对孩子怀有愧疚感，因为她们觉得自己无法做到全心全意地照顾孩子。

身边的人会对母亲偶尔开小差表达强烈的不满。比如：

孩子头疼脑热，妈妈收到来自爸爸或者婆婆的压力，你怎么照顾孩子的？

孩子学习钢琴，老师会对妈妈说孩子最近课业不达标，你得多多监督他练琴。

小学家长会上老师点名批评：××妈妈，你要负起责任，你的孩子这次拖后腿了。

这种"你看看别人怎么当妈""你是怎么当妈的"密集母职风气，真让人感到窒息。

在很多城市中，密集母职文化越来越成为城市中产阶级家庭的主流。最可怕的是，有人把妈妈与孩子做了荣辱与共的关联，孩子的成功就是妈妈的成功，孩子的失败就是妈妈的失败。

我认为很多家庭，在无意识地变成密集母职的家庭。女性朋友们，警惕呀，这是个大圈套。

1. 在养育孩子这件事上，女性哪怕承担起照顾者的第一责任，但我们的社会目前还没有相关的支持条件，如让妈妈接受专业育儿课程教育，其他家庭成员支持妈妈的决定，并承担育儿外的更多家事，现实中更可能是妈妈忙里忙外，其他家庭成员还觉得她瞎忙、白忙。

2. 一个女人母职过重，容易因为孩子的事情，跟老公吵，跟婆婆吵，家庭关系剑拔弩张，夫妻感情日益变淡。在家容易变得唠叨，对生活日常更熟悉，对社会百态更陌生，家里人可能更不愿意把她的话当回事。

3. 一个女人除了是妈妈，她还有其他社会身份，有人以当母亲为乐，但也有很多女人想把社会属性或专业技能发扬光大。以后孩子上文体培训班，孩子要听专业人士的话，妈妈们需要用自己的专业置换成货币，再去置换别人对孩子的专业教育。

4. 密集母职的家庭，孩子更容易因为母亲的纠错行为，变得自主性降低，独立性低，逆商低，叛逆心增强，容易走极端。要么是你说东，孩子不假思索地朝东；要么是你说西，孩子就是要跟你对着干地朝东。孩子的成长过程，是一个不断犯错，不断改进的过程。但密集母职的妈妈可能不舍得孩子犯错，没耐心等孩子改进，就把自己的经验告诉孩子，如此就会挤压孩子自主成长的空间。而且孩子负担母亲更多的荣耀感，变得压力大，无法轻盈地选择自己想要的生活。

我有了女儿之后，经常提醒自己和家人的一点就是：我不能被密集母职的文化吃掉。

我在家一直在给孩子做降低关注的刻意练习。

对于老人，我会在孩子安全的情况下，劝他们不必两眼紧盯，让孩子自己玩，让他们也趁机休息一下。

对于老公，我常会提醒他当初的承诺，他曾答应我下班回家后先来看看亲亲我，再去看看亲亲女儿。

对于女儿，我会每天放下一切，让自己仿佛穿越到童年一样，陪她疯玩、傻玩。而她自己玩时，我不想打断她，纠正她。当我实在累了，我会说自己需要休息一会儿。当我有写作计划，我会跟她说我需要工作一会儿。1岁多的小孩子，我也不确定她能不能听懂我说的话，但我也要说。

我知道她的头几年，最需要我，我也很需要她，但我确实不想也不能成为一个只围着孩子转的妈妈。我确实试过只围绕着她转的生活方式，对"1岁前是建立安全依恋关系的重要时刻"这句话深信不疑。那段时间我很少写文章，只看育儿方面的书，只社交妈妈圈，专心带娃成为我的置顶任务。

一段时间后，我的状态肉眼可见地差，因为孩子的翻身问题，小题大做，风声鹤唳，甚至带她去医院。医生说孩子没问题，反倒是我太紧张了，拥有了别人不理解的偏执。

于是我开始锻炼，写作，工作，关注更大的世界，找人来帮我带娃。

我在女儿1岁之前，已经读了大量的育儿书、母婴书。有些书直接把"妈妈"打在书名上，如《好妈妈胜过一切》《妈妈知道怎么办》《母爱的羁绊》《写给母亲的未来之书》……绝大部分的书，把母亲作为目标读者，暗含着这些书就是写给妈妈看的。

当代妈妈，真的很累。我想重申，妈妈们，育儿的高标准我们稍微放低一些，另外也有技巧地把另一半拉进育儿圈。比如，撒个娇，说："亲爱的，我当妈以后容易焦虑，我们一起看书讨论，我认为你的见解很重要。"让爸爸学起来。

我们不能眼睁睁看着自己走上社会上一条大多数人在走的路，一方面"妈妈是超人"，另一方面"爸爸去哪儿了"。

既然妈妈很忙很累，在育儿领域就要做减法，我只想抓住最重要的两点：一是母女关系亲密；二是母亲快乐，且在自己的事业和爱好方面有两把刷子。

05
一个人在家带孩子,顺便享受生活

体验了一段时间,我没崩溃,吃饭、运动、休息、看书、写作影响不大,反而生出成就感和幸福感,我再次对自己的适应能力刮目相看。

产后 5 个月,我把各种带娃生态体验了一遍。

第 1 个月,基本在月子中心;第 2 个月,月嫂在家帮我带;第 3 个月,公公婆婆来帮忙;第 4 个月,爸妈来陪我带娃;第 5 个月,我自己一个人带。老公休完陪产假就正常上班了,早上 8 点出门,晚上 7 点回家,回家后摘下口罩洗完手,立即融入带娃小队。

这篇文章,我重点说说第 5 个月,我选择自己带娃的原因和做法。

1.我喜欢体验不同的生活方式。让生活充满变数不太现实,在一定范围内微调,是生活热情和写作灵感的来源。

2.每个成年人都有自己的事情。奶奶年纪大了,需要我爸和我叔轮流照顾，我妈也要复查身体，婆婆做了腰椎间盘突出的手术，目前还在恢复中。

3.一直有家政公司打电话问我需不需要阿姨，我产前经常关注，但疫情期间，尽量不想让人来家里，实在吃不消再说。

4.我所在的妈妈群，月嫂或育婴嫂休息一天，妈妈们会如临大敌。我想挑战试试，看看自己能不能搞定孩子。

5.最关键的是，我马上要回去上班了，以后不能全天在家陪她，怀孕时她在我体内，出生后基本形影不离，这可能是我俩朝夕相处的最后时光，特别想好好珍惜。

体验了一段时间，我没崩溃，吃饭、运动、休息、看书、写作影响不大，反而生出成就感和幸福感，我再次对自己的适应能力刮目相看。下面分享我的具体做法：

一、清单式育儿 + 育己

每天睡前，我开始制订明日清单。在育儿本子上列明备忘，如要吃 AD 或 D3、大便情况、被动操、翻身抬头、追视、讲故事、唱儿歌、剪指甲等。在育己本子上列明待办，如写作方面完成什么稿子的哪个部分，看书方面看完哪本书的哪个章节。

提高免疫力是我的重点，我像个医生一样，给明天的自己开处方。我会写明泡脚、八段锦、盆底肌、腹部唤醒、训练营、按三阴交、解冻肉、喝花茶以及吃保健品等具体项目。翻翻冰箱，把明天三餐食谱，写在便利贴上，贴在冰箱上。清单是我的私家秘书和外接硬盘，解放我的脑子，让我不必记琐碎之事。

二、按照孩子节奏，插播自己生活

女儿一般早上8点多醒，我基本在这之前自然醒。她醒来之前，我做身体唤醒的运动，照着小红书练马甲线，跟着Keep练瑜伽。晨练完一般还有时间，就写写文章看看书。老公起床后做早餐，我俩边吃边聊，女儿常在这个时段醒来，在婴儿床上叽叽咕咕、啃啃手指、观察周遭。

等她召唤我，我再帮她洗脸、喂奶、换尿不湿。老公上班后，就是我和女儿的二人世界，我把清单上的事情，安排到她醒着的时候。沙发开辟出一块地方，放她的钢琴毯；玩厌了，就拿着彩色卡陪她玩，讲故事，唱儿歌；快烦了，抱到摇摇椅上，给她曼哈顿球啃；啃烦了，再抱着她在家到处走走看看。她能自己玩就自己玩，能和玩具玩就和玩具玩，能和我玩就和我玩，把她抱起来是最后一招。她玩着或睡着时，我就在她身边，高效开启学习模式，听线上课程、看视频课程或看书。等她或叫或哭地召唤我，我再跑去满足处于高需求育儿阶段的她。

三、成为孩子的全天直播博主

我准备做饭时，把她的摇摇椅拖到我脚边，让她看着我洗菜、切菜。我像个美食博主一样，声情并茂地给她仔细介绍我在干什么，这个菜吃了对身体有哪些好处，那个菜的做法是什么。

我上厕所时，把她的摇摇椅拖到卫生间门口，就我们母女二人，不需要关门，我像个科普博主一样，用最简单的语言解释吃喝拉撒。我听课或看书后，像个知识付费博主一样，复述一遍刚刚输入的内容。我看《老友记》或其他轻松节目时，把她的摇摇椅拖到面对着我、背对着电视的位置,我一边看一边笑,一边像个娱乐博主一样,跟她讲解剧情。我一般趁她吃完饭,较为安静时运动,把她的摇摇椅拖到瑜伽垫前面,让她看着我锻炼,做完锻炼又运动博主上身地跟她讲锻炼的原理和好处。

如果她有点闹,我就暂停在做的事,逗逗她,陪陪她。

除了顺便聊天,还有专门对话,趁她注意力在线时,面对面,眼对眼地给她讲儿童故事、礼貌问候语、亲属的叫法等,根据她的反应调整内容。一开始跟不会说话的婴儿说话,我也感到别扭,但想到"在孩子头三年,多以成人的语言和她说话,能够帮助她大脑神经元发育",我就开启了话痨模式。

四、还能自己做饭的窍门

不得不谢谢我爸爸,我爸在回老家之前,帮我做了便利化处理,他买了很多的猪肉、牛肉、排骨回来。把牛肉切片,揉成比拳头小一点的球状,冻起来分装。猪肉全部切成块,冻得差不多了,再切片分装。排骨也一个个地冻住。这样方便我每顿直接解冻,要吃多少就解冻多少,省去买肉切肉的麻烦。他给我扛回来能放的食材,一大捆山药和我最爱的土豆。蔬菜吃完后,在电商 App 下单,直接送到家里。每次做饭很省时省力,提前把肉解冻,小半碗大米掺点杂粮杂豆,然后洗菜,切菜,等米饭快熟了,下锅炒菜。

五、怎么休息好

睡前喂奶,尽量让孩子睡整觉。中午她睡我也睡,尽量休息好。

我没有过多抱孩子，已经得腱鞘炎了，手还是省着用，等她真哭时再抱。很多时候，她无聊或烦躁时，给她讲故事，给她跳支舞，按按开关，看看窗外，都能安抚她。晚上7点多老公回来，简单吃点，然后他洗碗，做家务，我们隔一天给女儿洗一次澡。

六、怎样避免心累

首先，避免受害情绪，坏心情会通过言行举止的介质，方方面面渗透给孩子。当我生病烦躁时，女儿要么情绪低落，要么号啕大哭；当我平静快乐时，我对她笑，她就对我笑，而且笑得超可爱。

其次，不要理会社会评价，思维上轻装上阵，不需要成为众人眼中的好妈妈，我这个妈妈当得好不好，只有女儿有评价权。什么为母则刚，你该怎样当妈妈，就算我听见或看见，但我依然可以自己决定要不要听进去、看进去。

看过一些博主说，带娃多累多烦，产后多难多丑，听到一句为母则刚，情绪波澜壮阔到要把全世界骂一遍，老公、婆婆、领导，全部推到对立面。我亲自体验了一番，带娃当然有时很累，但有时也好玩，事物都是一体两面，如果这是必经之路，请让自己好过一点，帮手多一些。给自己洗脑自己被爱着，总比洗脑自己受害要好得多。

产后突如其来很多问题：人际关系、婆媳关系、事业关系、原生关系。像打乒乓球，我对面那么多人发球，我接不过来，只能把那些凑热闹的对手赶下球桌。

现在自己的身体康复和带娃，放在第一位，其他尽量下桌。写作效果没那么好,这段时间的输入和输出减少一点,对我一生写作计划的影响微乎其微。事业晋升没那么快,就算暂缓个一两年也无所谓,在生娃之前,我的事业支点搭建了不止一个。

  孩子算是我的缓冲带,提醒一路高歌猛进的自己,适当放慢脚步;提醒一路成熟世故的自己,适当回归童真。身体哪里受创就修复哪里,外貌哪里变丑就努力变美。自我感觉良好,在现阶段最重要。

06

把老公培养成高段位的育儿合伙人

据说孩子和父亲多相处，有助于他们建立亲密关系，尤其是能够增强孩子的安全感。尽管我很爱我的女儿，很爱很爱，但我需要独处的时间和空间。

有一天我和同事聊天，我说某个周六，自己去看电影，留下老公在家带孩子。同事难以置信地问我："你女儿才10个月，你老公就能独自带娃？"是的。培养老公独立带娃的能力，一直是我生完孩子后的重点工程。大家的时间都宝贵，我就直接上123456了。

1. 怀孕期间的预习。据说胎儿在第4周，听觉器官就开始发育；在5~7个月时听力形成；在7个月之后，能分辨声音并做出反应。所以我怀孕期间，就鼓励老公每天在我肚子前跟孩子说话、聊天，朗读故事，希望孩子出生后，对他的声音及整个人感到亲切。

2. 月子期间的初练习。孩子出生后，在月子期间，我和老公都不怎么敢，也不怎么会抱这个小小软软的孩子，我们就跟着月嫂学

Chapter 6
家庭提案 | 一个人是一支队伍，一家人就是一万雄兵

习姿势，用一块小巾放在手臂上，然后抱起孩子，让她的头枕在小巾上。那个阶段的老公，趁着孩子睡着、孩子不哭闹的时候勤学苦练。但他的技能值还比较低，别人把孩子交给他，他也得先摆好姿势才能接住孩子，只会用右手横抱孩子，两边手倒腾一下都不会。孩子哭闹了，他急得没办法，只能把孩子交给别人，然后自己双手在那儿摆弄，疑惑地自言自语："怎么姿势都一样，孩子在自己手上就哭，别人抱就不哭？"

3. 二月闹的技能进阶。可能由于月嫂离开，也可能因为孩子的"二月闹"，孩子两三个月的时候经常哭，我十八般武艺全用上，什么萝卜蹲、唱儿歌、秀玩具等，才能让孩子不哭。他当时经常做功课，从 B 站上的外国儿科医生，到小红书上的新手爸妈教程，我俩一起看，一起讨论，一起练习，一起实践。那时候孩子哭起来，大人不能坐下，得一直走，一直唱，一直哄，稍微停一下就前功尽弃。

4. 老人在，也要保证老公的带娃时间。小孩出生，全家都稀罕得不得了，老人们哪怕腰疼，哪怕手抖，都爱抱着小孩。我妈更夸张，刚来的一周，忘了吃降压药，说天天看着外孙女，心情好，精神好，身体也好。哪怕老人们擅长抱娃、热爱抱娃，但孩子被抱太多，终究对孩子不好。老公下班后，我就说，孩子爸爸下班了，女儿肯定想爸爸了，爸爸肯定也想女儿了。于是，老公洗完手，换完家居服，就接过女儿，抱一段时间，然后把女儿放下，陪女儿玩。一举两得地解决孩子被抱太多和父女相处少的问题。

5. 循序渐进地增加父女独处时间。女儿 5 个月时，我趁着产

假最后一个月，让老人们休息，我和老公带孩子。老公上班，我在家独自带娃；老公下班，我把孩子交给他，我做一些白天带娃不太方便做的事情，如洗澡、看书、写作。我从和父女二人在一个房间，让孩子看到我有安全感，到渐渐去别的房间，听到哭声再去帮忙。在这个阶段，我发现女儿和爸爸玩得越来越好。老公带娃的能力有了极大长进，他自己一个人换尿不湿、喂水都没问题。有一次孩子哭闹，我忍住想出去哄孩子的冲动，试试老公能不能搞定。我想起孩子还小时，我也不太擅长抱娃，每次孩子哭急了，月嫂或婆婆把孩子抱过去哄安静，我都觉得很挫败。所以那一刻，我相信老公能靠自己的力量让孩子不哭。我耳朵贴着门，听到老公唱儿歌，放安抚婴儿的音乐，检查尿不湿，不停地跟孩子说话，拿出玩具逗孩子……女儿在他的多番尝试下，终于不哭了，老公表示超级有成就感。

6. 我一个人出门，从忐忑到坦然。那段时间，我天天困在家里，白天带娃，尽管有时天气不错，我会背着孩子出门转转，但那种没办法一个人好好待一会儿的感觉，让我很难受。我老公懂我，有时候他回家，或者周末中午，孩子睡着时，他让我自己一个人出门走走，他说孩子可能睡得久，等你回来还在睡，就算孩子醒来，他自己也能顶一会儿，如果实在不行，就打电话给我。我出门只在小区走走，刚开始担心孩子醒来，老公无力招架，但其实他从来没给我打过电话，每次回去，都发现父女二人相处得不错。

直到我一个人出门看电影。现在我俩基本分头看电影，他在家带娃的时候我一个人看了《我的姐姐》。他一个人看《哥斯拉大战金

Chapter 6
家庭提案｜一个人是一支队伍，一家人就是一万雄兵

刚》的时候我在家带娃。我以前觉得老公是玩伴，在我自己跑去看电影时，我才发觉，老公已经从玩伴升级为战友了。他能够独自带娃，我就能放心去做很多事情，有效稀释了带娃的辛苦感，对我的身心很有好处。

据说孩子和父亲多相处，有助于他们建立亲密关系，尤其是能够增强孩子的安全感。尽管我很爱我的女儿，很爱很爱，但我需要独处的时间和空间。我的女儿信任我，爱我，喜欢和我相处，这种快乐，我觉得老公也值得拥有，我不能大包大揽，事无巨细。就算我是占有欲超强的天蝎女，我也希望孩子跟除了我之外的人多相处，这样能帮她体验不同层次和样貌的爱。

如果女人一直觉得自己带娃带得好，带得棒，看不上老公带娃，老公做的不合心就唠叨埋怨指责，长此以往，老公就跑去一边玩游戏了，然后自己累到半死，结果更看不惯老公。我不是天生的妈妈，他也不是天生的爸爸，在带娃这件事上，女人就算天赋异禀，也需要老公参与，鼓励他，帮助他，先进带后进，直到他上手并享受。

这样，我们才能一起成为相对轻松快乐的父母。

07

愿女儿活得生猛而自由

愿你一直有好奇心，有探索欲，有表达欲，真诚热烈、自由生猛地活着。

女儿快 8 个月了，我陆续有感而发，写在笔记本上。今天回看，心潮起伏，决定从每个月的笔记中挑出一句来存根。

第一，希望你雌雄同体地活着。

女儿的名字是我取的，相当中性，我希望女儿有股雌雄同体的劲。对男性或女性，人们都存在刻板印象，近年来打破固有印象的人越来越多，我希望你能发现雄性的优点，规避雌性的弱点，反之亦然。

不要囿于性别印象，一再受限，取长补短，发挥所长。我希望你成为一个通透理性的姑娘，感性浪漫虽好，但作为妈妈，对你有种兜底心态。理性，你可能没有那么快乐，但也痛苦不到哪儿去；

太过感性，过于文艺，伤春悲秋，容易被外物或外人撕扯情绪。不愿你去谈虐心的恋爱，在我看来，恋爱太虐心，就不是真爱。

尤其反对自己虐自己的行为，如果有一天你跟我诉苦，因为男朋友没跟你说晚安，就觉得整段感情只有你在付出，那我会责备你的。

第二，希望你找的男朋友，是你真正的爱人。

这些年，我时常困惑于某些择偶观，比如，要找个对自己好的人，或找个聊得来的人，或找个在人生建议上能指导自己的人……

我认为，爱人，是所爱的人。一定要是"情不知所起，一往而深"，你看到他会小鹿乱撞，会心潮澎湃，会感觉到身体激素的稳态开始变化，会想到下辈子还想和他在一起。

以后要聊天，可以找闺密；要人生指导，可以找忘年交；要职场建议，可以找职场先锋。人好只是基本条件，人品纯良，遵纪守法，无不良嗜好，这些作为朋友也得满足。

在婚恋中遇到障碍时，理性思考，对于对方，分清自己究竟是喜欢，还是执着。其实很多人就是执着，有了执念，想不开，如果只是这样，应该毫无挂念地离开，彼此喜欢才能让双方都快乐，而单方面的执着，只是自己的不甘心。

第三，舍不得让你过太辛苦的人生。

我妈同事的女儿比我小几岁，特别早慧，之前在新加坡和美国都有创业经历。多年前，我中考完去她家玩，她对我说，现在要拼命读书，工作以后就会清闲一些，人生前半段辛苦一点，后半段就会轻松一点。

我在祖国的东西南北都住过,有安逸宜居的小城市,也有代谢惊人的大城市,我看到各种人的生活状态,体会到自己在不同的地方,身体、语速、状态都会不一样。

中国很大,选项丰富,我看到一些一线城市的孩子还没上学,就已戴上眼镜。

有一次去北京出差,早班地铁里有个站着睡觉的小男孩,黑眼圈像倒影似的挂在眼睛下面,那一刻我体会到他父母和他的辛苦,男孩小学苦,中学苦,大学会稍微轻松一会儿,然后进入大厂或大公司一直苦。这是很多人追求的生活,但前半程很辛苦,后半程还是很辛苦的人生,我舍不得你过。

当然,你找到你的使命或梦想,能用心中的甜去抵抗世俗的苦除外。我曾听大城市里的孩子说,他们长大后不想要小孩,因为看自己父母一路走来太艰辛。但愿我们都活得不要辛苦到让对方心酸难受。

第四,你永远是你的安全感和勇气的第一责任人。

在你年幼时,爸爸妈妈帮你承担大部分,然后循序渐进地交还给你,但我们永远是你的坚强后盾。2021年我有幸和一名知名的公益律师合作,我认真研究了她经手的几个案例后,看到姑娘被拍裸照,不敢告诉父母,选择自己承担,被坏人抓住弱点,进一步受人要挟。

新闻里,年幼女童被坏人要挟,说要是告诉父母就怎样;遇到网贷陷阱被人威胁,你不听话就把照片发到网上;神经病男朋友甚至是不法分子,拿着你的不雅照,让你屈服于他的意志;家暴男拿着不雅视频叫你不要告诉父母,不然杀你全家……

所谓不雅,是心态扭曲,心存恶念的人,没有办法吸引你,只能动用下三烂的手段控制你。

祈求上苍,警察叔叔把坏人抓走,女孩们都不要遇上这种烂人烂事。但是不管发生什么,都不要害怕,父母是孩子可以无条件信赖的人,一定要告诉父母,我们无条件站在你这边,拼命保护你,你绝对不是一个人。

第五,希望你对自己的身体和思维,永远郑重其事。

我怀孕前,锁骨下方长了颗痘,没怎么挤干净,觉得过段时间就好了,结果太轻敌了。前几天去医院,说是个疤痕疙瘩,需要先做一个疗程的照光(每周一次,共照六次),配合扎针(每个月扎一针激素类的针)。

所以,不要讳疾忌医,就医要趁早。郑重其事地对待自己的身体,你以后可能记不得,6个月以后,我给你添加辅食,我的时间挺值钱,但你的食物比我的时间更值钱,我再忙再累,只要不上班,就会怀着美好心情,给你搭配辅食。

身体发肤,受之父母,你以后不要在饮食和作息上任意挥霍,得过且过哦。你要记着,妈妈在最忙的时候,最重视的是你的健康。我把对你的爱和祝福,都融入了饮食里。

对思维也要郑重其事,愿你一直有好奇心,有探索欲,有表达欲,真诚热烈、自由生猛地活着。

学校有那么多的学科分类,语文、数学、英语、化学、物理、生化、体育、美术、音乐、地理、历史、政治，还有很多冷门专业……它们不是要你成为一个通才，而是告诉你那么多的学科，你总能找到自己感兴趣的一科，成为养活自己、发展自身的载体。希望你遇到事情，能分得清楚哪些是事实，哪些是观点；对事件的分析，能够用辩证的方法，知道正题、反题和合题。

在权衡利弊时，脑子里不由自主地画出一个坐标轴，分成四个象限，横轴和纵轴的两个指标，根据你的洞见提炼而出。在心态上乐观，在准备工作上相对悲观。

希望你善于分析规律，哪怕是打麻将，都能总结出和牌公式，把复杂事情简单化。希望你可以一步一个脚印地去坚持，去自律。

第六，希望你懂得生活既是过程，也是目的，就算有所追求，也不要敷衍生活。

就像电影《心灵奇旅》中讲的，不要每天都说要去追求海洋，其实平时你接触的每一滴水，已经让你在海洋里了。

你心心念念巨大的梦想，就算有幸实现，也很难突然改变你，塑造你的是一点一滴的日常。就像网球运动员李娜的教练卡洛斯一直传递给她的核心观念，冠军是一个短暂概念，它只意味着能够享受欢呼的那个决赛夜晚，第二天早上睡醒觉起来，一切都将归零，因为新的比赛即将开始。能够享受生活每一分钟的人，才是真正富有。

第七，尽快尽早地学会沟通，让这个技巧贯穿一生。

我越来越觉得，沟通至关重要。好的沟通来自好的认知 + 性格 +

聪慧＋涵养，平衡自己的诉求，不要让自己憋屈，也能心平气和、语气坚定地告诉对方什么是自己的底线和原则。沟通时，哪怕在有利益冲突的前提下，明白你和对方的利益，依然能找到共赢的利益点去展开沟通。

说话时，尽量把消极的词换成积极和感激的词。因为你说的话，会影响你的思维。

用谢谢你来代替对不起的内容，如与其说"对不起，我迟到了"，不如说"谢谢你一直等我"。此外，让那些说话总是令你感到不舒服的人，离开你的舒适圈。

第八，我们对你的教育，只是抛砖引玉。

我们这代父母，处于思潮和变化激荡的时代中，有时我会困惑以后怎么教育孩子。

从怀孕起，我看了不少幼儿教育书，包括心理、沟通、营养和教育方法，在纷繁的信息中，我总结出两个关键词：尊重孩子，终生成长。

我们比你年长，先知道点东西，教给你后，你会学到更多，到时候你多教教我们。爸爸妈妈就算是努力地在学习、在成长，可对新时代的你来说，我们的认知会越来越过时，我们对你的教育，只是抛砖引玉，希望你跟我们分享你眼中的神奇世界。

我和你爸都是普通人，无法给你优秀的基因，万贯的家财，但是我觉得我们习惯还不错，性格也不错，关键是超级无敌爱你。

希望你快意人生，平安顺遂，我们永远爱你，千千万万遍。

08

为什么我劝你"和谁都不争,和谁争都不屑"

谁痛苦,谁改变;谁损失,谁负责。我再加六个字:谁做到,谁厉害。

同事一早愤愤不平地找我评理,我心里还在默默嘟囔着"我没有取得专业的家务事裁判资格证书"时,同事的家务事就劈头盖脸而来。

"昨天吃晚饭,桌上最硬的菜是一盘煮的虾,我婆婆刚开始闷头吃饭,抬头看到我桌前的虾壳堆成小山,带着催促和责备二合一的语气,让她儿子赶紧吃虾,说完婆婆看到我把剥好的虾全放进孩子碗里,又闷头吃饭。所以你看,吃虾这么一件小事,就看出婆婆把我当外人。"

我这个新晋捧哏附和着:"别为小事坏了心情。"

同事无缝衔接道:"吃虾确实是件不值一提的小事,但是不值一提的小事多了，就会积少成多，让人心寒。"

我继续当捧哏："那可不！"

同事委屈地追溯："我们结婚前，公婆去我家，婆婆拉着我妈的手，承诺以后会把我当女儿一样对待；结婚后，尤其是有了孩子后，我总有一种外人感。"

我不希望同事陷入自怜的内耗情绪，于是劝她："她说把你当女儿，一个敢说，一个敢信，她第一次当婆婆没有经验，就像我们刚上学时，还以为考大学不上清华就进北大呢！当时所言皆出肺腑，但此一时彼一时。

"换个角度，她对亲生儿子就无可挑剔吗？肯定说错过话，做错过事，发过脾气，说不定还动手打过。再说，我们父母辈的人，很多没有好好地被爱过，如果他们不会爱自己和爱别人也不难理解。

"回到吃虾，如果她看到儿子一直猛吃，说不定也会让儿子赶紧给媳妇剥个虾。"

看同事情绪趋稳，脸色缓和，我继续吹风："我也不想说谁都不容易、谁都有难处之类和稀泥的话，只是觉得争对错、争输赢不靠谱，清官都难断家务事，输赢对错如何取证和评判，赢了有勋章吗？对了有奖金吗？生活、工作、带娃哪个不累，在不重要的赛道上，主动放水让别人获胜，结束哨声一吹响，自己松口气玩别的。"

争输赢，别和我争，一争就是你赢；辩对错，别和我辩，一辩就是你对。我还有个隐秘的赛道，我想和你比一比谁的内耗小。

这世上有很多时候需要争输赢，战争要争，比赛要争。也有很多事情需要分对错，考试要分，法律要分。

针对微观层面，我斟酌后倾向于不争。我想举一个小例子和一个大例子。

先说小例子。《圆桌派》我一集不落，如果问我对哪位嘉宾的哪段发言印象最深，我肯定脱口而出：马伊琍说，如果在路上别人踩到她，她会首先跟人家说对不起。

以我的心思去揣摩，我觉得她不想把小事扩大化，而想息事宁人，珍惜时间，善待情绪，以绝后患，因为还有更重要的事，因为不想与人纠缠。如果是个正常人，他说对不起，你说没关系，万一对方不正常呢？为了控制风险，宁愿自己先说对不起，你错我错都不重要，就当自己错了，万一对别人的锱铢必较，换来别人对自己的虽远必诛呢？

再说大例子。1996年，悍匪张子强经过周密计划，绑架了李嘉诚的儿子李泽钜。最终，李嘉诚花了10.38亿港币赎回了儿子。整个过程，惊心动魄，其间，李嘉诚和张子强的一段对话，耐人寻味。

张子强问："你为什么这么冷静？"

李嘉诚答："因为这次是我错了。"

张子强好奇："你错哪儿了？"

李嘉诚解释："我们在香港知名度这么高，但是一点防备都没有做，比如我去打球，早上5点多自己开车去新界，在路上，几部车就可以把我围下来，而我竟然一点防备都没有，我要仔细检讨一下。"

从道德也好，法律也罢，当然是绑匪错了，而且错到犯罪，但道德评判和法律审判都是事后结论。

在谈判时刻，李嘉诚是当事人，世界上什么人都有，那是世界的事，但如果自己提高安全意识，加强安保措施，是可以避免的。对自己的疏忽，他愿花 10 亿元，破财消灾，保住儿子生命安全，避免绑匪撕票。如果儿子有什么三长两短，以后就算道德和法律都站在自己这边，也没多大意义。

如果以阿德勒的"课题分离"理论来看马伊琍，来看李嘉诚，其实就是两段六个字方针：

谁痛苦，谁改变；

谁损失，谁负责。

我再加六个字：谁做到，谁厉害。

我最近遭遇的事就属于"道理都知道，还是过不好人生"系列。

因为家里有老有小，我写作和拍视频需要安静的空间，于是在家附近租了个跃层的工作室，预付了半年租金。交采暖费的月份，本地发生疫情，我上班回家两点一线，没去工作室，发现房东忘交采暖费时已过期无法补交，她让我买个取暖器。

本地疫情刚结束，我不想退租后重新看房，就选了个性价比高的取暖器。但天气越来越冷，在沙发上打个盹儿就鼻塞，脱掉羽绒服录个视频就感冒，反复数次，我决定止损。

我以为房东没交采暖费算她违约，她认为我提前退租算我违约。我着急解决，中介不停地调解，但在异地的房东总说忙，总在拖，连押金都不想退。

糟糕，今天内耗又超标

有一天夜里醒来，我越想越气，退租事宜盘踞在脑海中，我当房东时，疫情期间曾主动给租客免去两个月的租金，为什么我当租客时，全部付清租金，为别人多番考虑，对方却推卸责任，想着想着还以小见大上升到平台如何保证租客权利，应该让租房者、买房者拥有评价机制，就这样想到天亮，于是第二天精神萎靡。

在我的多番催促和妥协下，终于成功退租，心里尚未解脱，回到家里，打开手账，解决我心理不平衡的历史遗留问题。

两个小方法，我用过多次依然管用。

换位思考，首选枕头四角法。

一个枕头有四个角，这四个角分别对应四个立场，分别是她错我对，我错她对，我们都对，我们都错。

她错我对：她应按时交采暖费，应体会我的居住体验。

我错她对：在发现没暖气后，我应更有前瞻性地处理。

我们都对：是疫情造成的阴差阳错。

我们都错：低估现实的意外和困难。

涉及利益，推荐利弊转换法。

很多时候把自己从受害者的位置强行换到受益者的位置，会缓释不甘心和不平衡。

我经济方面吃亏，居住体验也差，多次生病，效率低下，没有达到租房预期。但也有受益的方面，比如，跨出了拍视频的第一步，拍出几个数据不错的视频，惊喜地发现楼下有家好吃的店，在房间里久违地体会到独处的快乐……

通过枕头四角法和利弊转换法，不再恋战，心态平衡，速速翻篇。

我常常感激金庸创作了老顽童周伯通这个人物。

在初代五绝中，东邪量小，西毒心恶，南帝痴瞋，北丐贪吃，品学兼优的王重阳担任初代五绝之首。

而在新五绝中，东邪有了宽宏，南帝修了佛法，西毒欧阳锋的传人杨过去毒得义成为西狂，北丐洪七公的弟子郭靖为国为民成为北侠，而从没想着成为天下第一，只是单纯喜欢武功，心思单纯，顽童心态，无须返璞归真，因其一生真璞的周伯通担任新五绝之首。

在《神雕侠侣》的最后，在新五绝的评选活动中，黄药师笑道："老顽童啊老顽童，你当真了不起。我黄老邪对名淡泊，一灯大师视名为虚幻，只有你，却是心中空空荡荡，本来便不存名之一念，可又比我们高出一筹了。东邪、西狂、南僧、北侠、中顽童，五绝之中，以你居首。"

如果我们在一些第二天就显得无关紧要的小事上，把对错输赢看得淡泊，视为虚幻，不为成全别人，但求放过自己。

"我和谁都不争，和谁争我都不屑"，这是英国诗人兰德的诗，杨绛将其翻译成中文。我觉得这也是杨绛的信条。在一次采访中，她再三强调自己"甘心当个零"，她说"我这也忍，那也忍，无非为了保持内心的自由，内心的平静"。

同样的思想还在她的《隐身衣》一文中有所流露："一个人不想攀高就不怕下跌，也不用倾轧排挤，可以保其天真，成其自然，潜心一志完成自己能做的事。"

很多时候人们在争输赢、争对错时，好像只看得到一张天平图，看到自己吃亏受损，落入下风，自己得争取回来，要占到便宜。

但还有一张效能图，类似冰箱上贴着的"能效标识"图，上面有一个三角形，从下到上分为五层，依次是红色、橙色、黄色、浅绿色和蓝色。

当输赢对错、利益得失让你争得脸红脖子粗，胸闷血压高，除了天平图上的谁上谁下，还要看效能图上的自己现在在哪层。

约翰·肖尔斯在《许愿树》里的那句话："没有不可治愈的伤痛，没有不能结束的沉沦，所有失去的，会以另一种方式归来。"输了口舌之争，可能以好心情、好作品的方式归来；赢了内耗之争，说不定以结节、囊肿、肿瘤的载体归来。

如果一件事对我没那么重要，对别人更加重要，那就顺水推舟让对方赢好了，减少内耗，积攒能量，毕竟我们要潜心一志，完成令自己欢喜的事情，成为令自己欢喜的自己。

Chapter 7

内养提案
是珠玉就打磨，是瓦砾就快乐

受黏稠思维支配的人，想事情黏黏糊糊，做事情拖拖拉拉，人与人之间黏到没有清晰的边界感，事与事之间稠到无法就事论事。

我们需要边消耗边恢复，见缝插针、不择手段地休息，不要让自己全部放电完毕，再回家一次性地充电。

01

你要休假，不要"假休"

> 据我所知，很多人经常把休息日，活成翻译家朱生豪所描述的状态："一种无事可做，即有事而不想做，一切都懒，然而又不能懒到忘却一切，心里什么都不想，而总在想着些不知道什么的什么。"

如果早知道世界被疫情搞成这样，当初我们就应该好好度过2020年前的所有假期，珍惜人类正常秩序下的每一个假期。

但转念一想，即将到来的假期，也要好好度过，说不定这是近年内还算不错的假期。

后疫情时代的休假，团圆和相聚、回家和旅行、活动和演出都减少了，你可能身在异乡，可能就地度假，假期的欢愉，更需要向内寻找。

据我所知，很多人经常把休息日，活成翻译家朱生豪所描述的状态："一种无事可做，即有事而不想做，一切都懒，然而又不能懒到忘却一切，心里什么都不想，而总在想着些不知道什么的什么。"

很多人的休假，其实是"假休"，真正的休假能手，怎样度过假期？

一、营造休假氛围

休假需要仪式感。像我这样在家写作的人，休息日到来之前，需要有意识地给自己营造休假的氛围，不然一不小心，就把休息日变成了居家办公日。

休假之前，我常常会去家附近的花店买花。心理学家汤姆·布坎南博士说过，当女人看到鲜花时，思考、说话或行为，都会变得柔软而浪漫，更容易为男人的爱意所打动。

柔软浪漫的状态，不仅在恋爱时需要，休假时更需要。响应伍尔夫那句"她可以为自己买花"，给家里增添缤纷和生机，给自己注入柔和与美好。我会把最近还没看完的工具书插上书签，放回书架，看书也只看无功利的书。

另外，把那些清单或待办之类的效率工具收起来。休假时需要慢下来，不要像赶场般过于匆忙，甚至游玩时也匆忙打卡和拍照，疏于将自己的五感与风景、时间真正地融为一体。在家里布置提示物，在心里挂起休假牌，提醒自己，休息日的当务之急，是好好休息。

二、重视规律生活

经过大学时代的寒暑假，工作以后的年假和春节假期，我有一个切身感受：假期的前半程见证了父母对自己的想念，后半程见证了父母对自己的嫌弃。

我回到家后，想几点睡就几点睡，想几点起就几点起，起床以后，睡眼惺忪，不修边幅，精神涣散。

打开电视，窝进沙发，要不就玩手机，玩到后面发现手机也没有什么好玩的。父母花心思做了一桌好菜，由于我整天躺着，上顿没消化，下顿吃不下。父母忍耐几天后，该晨练就晨练，该见人就见人，有一次我还撒娇，好不容易回家一次，你们都外出，醒来看不见人，太不珍惜和我相聚的时光了。父母对我说："不趁早出门，会忍不住骂你。"

后来我被父母拉着早起，去公园晨练，呼吸新鲜的空气，逗逗树上的松鼠，整个人元气满满，食欲满满。

很多人每逢休假，就睡乱生物钟，还扬扬得意地总结出睡到下午 1 点，是性价比最高的度假方式，因为省下早餐和午餐。休息日饮食无度，作息混乱，不仅起不到休息的作用，还会产生更需要休息的副作用。按时起床、吃饭、睡觉，醒来开窗，沐浴朝阳，白天多与自然接触，睡前和家人温馨聊天，生活规律比什么都重要。

三、为了工作而玩

"虽然自己不喜欢工作，但是为了能出去玩，必须得赚钱；虽然每天加班辛苦，但用多赚的钱买喜欢的东西很开心。"这种为了玩而工作的想法似乎很常见。这样的人大概认为，只有在公司的 8 个小时才有工资，除此之外的时间，完全是自己的自由时间。

日本作家松浦弥太郎却不这样认为，他说，公司付出的工资，除了在公司的 8 个小时，也涵盖了不在公司的 16 小时。

公司所付的工资，不仅仅是对工作的报酬，还有对休息时间所支付的金钱，这是让员工做好健康管理以及快乐生活。快乐生活包含学习和丰富心灵的过程，只有快乐地度过每一天，让生活充实美满，才会产生好的创意，保持工作的新鲜感，持续学习，反复思考，更好地完成工作。

刘墉也说："竟日闲散和终日忙碌的人，非但没有收放自如的潇洒，也很难有天外飞来的创意。人不可不奋进，也不可不休闲；休闲是为奋进积蓄力量，奋进是为休闲创造空间。"

工作日好好工作，休息日好好休息和玩乐，满血复活后，再返回工作岗位，灵感都会倒贴你，这一点从事创作的我最有体会。

电影《红猪》里有句台词：不会飞的猪，只是一头猪而已。同样，不会玩的人，也只是个工作的工具人而已。

四、差异化平衡术

我在《聪明人的才华战略》一书中，看到个人需求的金字塔理论，从下到上依次是身体、头脑和精神。

如果生活中缺乏锻炼，营养不够均衡，身体层面容易出现问题；头脑层面是指工作、智力和娱乐；精神层面是指情感和自我实现等。

理想状态呈正三角形，从下到上依次分成等高的三个部分，身体在最下，头脑在中间，精神在最上。三个层面的精力分配不平衡，会产生不稳定的金字塔。好的说法是不完整的生命，不好的说法是过早地死亡。

每个人可能都存在偏差，如运动员的身体部分占比过大，挤占了头脑和精神的空间；书呆子或工作狂的头脑部分占比过大，把身体和精神向两侧挤压。

现实确实会制约我们金字塔的平衡，但在休息日这段更能自主策划的时段，根据个人情况，判断缺少什么，然后展开纠偏。

如果我感觉到生活中充满应接不暇的变化，那么在休息日就给自己安排单调重复的活动。比如跑步，左腿和右腿重复交替，眼前除了跑道，什么也看不见；耳边除了风声，什么也听不见。这种单调重复极好地平衡了之前的复杂多变。

如果我感觉到家长里短的事情扑面而来，那么在休息日就给自己设置安静的独处时间。让自己进入一种什么都不做的无为状态，最先浮现在脑海里的事，就是自己心中最大的问题。这样能做自己的知己，也能有效地消除心理疲劳。

五、追求主动娱乐

工作和学习重要，娱乐也同等重要。

日本作家桦泽紫苑在《为什么精英都是时间控》一书中说，娱乐大体可以分为两类：一是既不需要专注力，也不需要什么技巧的"被动性娱乐"，如看电视；二是需要专注力、目标设定，并需要不断提高技巧的"主动性娱乐"，如读书、体育运动、智力游戏、演奏乐器等。

对于大多数的我们，物理位移在公司和家之间，精神和话题的位移取决于各种软件的"热门""日推""排行""热搜"，让我们仿佛活在传送带上一样，一个热点后面还有另一个热点。

别因为每天都像生活在传送带上,就忘记自己也会朝着喜欢的方向奔跑。

鲁豫曾问窦文涛:一个人怎么过休息日呢?会不会很可怜?窦文涛说:不会,一个人开心着呢,而且常常觉得时间不够用,早上起来沏壶茶,然后看看这个,翻翻那个,再研究一下字画,一天就过去了。

每个休息日,我们都要想方设法,探寻和体验到生命中高级的欢愉。

看书或者看剧,像是在偷别人的人生来丰盈或安慰自己,在作者或导演的引导下,开展一场自己和自己对话的旅程。

如果以各个学科的角度来看"闲暇":

哲学家认为是生而为人的过程,是生命的自由体验;

社会学家认为生活方式和生活态度,可以发展人的个性;

经济学家认为闲下来才能去消费,经济才能达到帕累托最优。

总之,不要辜负了"闲暇"这个时代奢侈品。

休假前,准备休假前的仪式感,让自己调整到"为工作而玩"的心态。休假中,调整自己身体、头脑和精神的平衡,化被动娱乐为主动娱乐。休假后,身心放松,心灵成长,以容光焕发、生机勃勃之姿披甲上阵。

02
职场人士下班后再休息就晚了

不管是主动的工作狂,还是被动的工作狂,
必须探索碎片化休整的小心机,集休息、
修复、锻炼于一身,无痕融入工作中。

听说过一句话:让你累的,从来不是工作,后面紧跟着的可能是人际关系累,是情绪内耗累。

我不是杠精,但我以一个工龄10多年的人现身说法,工作本身就是会让人疲劳,哪怕没有办公室政治,没有负面情绪内耗,没有当众汇报的紧张,没有临近截止时间的压力。

拨弄鼠标的右手手腕很酸,保持固定的坐姿拖垮全身血液循环,盯着屏幕的眼睛酸涩干痒,边歪头夹电话边敲击键盘,等挂了电话,脖子有仿佛落枕般的疼痛,开会讨论说得嗓子冒烟、声嘶力竭。

上下班的通勤也累,坐公交,挤到前门刷卡再去后门上车;搭地铁,在换乘站跑到上气不接下气;乘快轨,成为最后一个上车的人，脸和手都被车门玻璃压成平面。

有一天看杂志，一位名校毕业生进入知名热门互联网公司实习。她说，公司配有高端的健身房，但基本没人锻炼，一来是没时间，二来是没力气。高强度工作到晚上 10 点下班，约个网约车，前面居然还有 100 来号人在排队。

现代职场工作时间长，思考密度大，大脑多线程运行，一天下来，累得人仰马翻。不管早上多精致地出现在办公室，下班时女职员头发散乱，男职员领带松垮。

很多对职场人士的健康贴士，要健康饮食、规律作息、加强锻炼，但我觉得，职场人士如果下班后再休息，就晚了。

我们需要边消耗边恢复，见缝插针、不择手段地休息，不要让自己全部放电完毕，再回家一次性地充电。

办公室的隐形工伤是不可以报销的。工作忙，加班多的人，声称没时间锻炼和休息，可身体没有耐心给我们陈述借口。

所以，不管是主动的工作狂，还是被动的工作狂，必须探索碎片化修整的小心机，集休息、修复、锻炼于一身，无痕融入工作中。

我按空间来说说我探索、搜集、亲测的有效办法。

在通勤途中：
越是嘈杂忙乱，越要正念休息。

我需要步行到车站等车，以前的我耳朵里塞着耳机，听书听歌听课，后来我找到了更好的休息方法，自主提升注意力，均匀呼吸，体会周遭，向上看看蓝天，向远处看看青山。

上车以后，仍然没有必要立马急切起来，感受座椅和臀部接触的触感，感受背部靠着椅背的感觉。

感觉心稳气定以后，在不会打扰到周遭人的前提下，可以来几组小运动激活工作日。

面部运动：先嘟一会儿嘴，再咧嘴大笑，多次更改嘴巴形状，闭着嘴巴用舌尖绕着门牙做顺时针运动，每三至五次后更换方向，戴着口罩更加方便。

核心锻炼：我产后就跟核心铆上劲了，有时只坐椅子的前1/3，双脚轻微离地，背部往后靠，但不接触椅背，这时已经能感受到腹部轻微的灼烧感，配合着深入腹部的呼吸，呼气收核心肌群、收盆底肌，吸气放松，做几组，让自己燃起来。

我的通勤时间不短，中间觉得身体僵硬时，上身拉长脖子，沉下肩膀，让肩膀向前向后做绕环运动。下身让脚趾像握拳一样蜷紧，再突然把所有的脚趾松开。

如果你骑自行车通勤，停车时，试试用一只脚蹬着地，另一只脚在踏板上趁机向后延展一下小腿肚，做几组盆底肌收缩，稍稍保持一会儿，再放松下来。

如果你需要负重，像是拿着或背着沉重的手提笔记本，走路时，收紧核心，找到核心发力的感觉，挺直脊背，把肩胛骨向后夹紧。

在办公室座位上：

把电脑调整到合适的高度，页面设置成豆沙绿色，每隔40～60分钟看看远处，注意用眼卫生，这种基础的就不说了。

Chapter 7
内养提案 | 是珠玉就打磨，是瓦砾就快乐

产后有段时间，因为体内松弛素加上高频抱孩子，我患上了"妈妈手"，我体会到腱鞘炎的威力，那段时间买了手部按摩仪，提东西、抱孩子尽量戴护腕，等松弛素分泌结束后，我的"妈妈手"痊愈了，但我依然记得那种疼痛，于是手不打字或点击鼠标时，用力伸开五指，再紧紧捏紧，手腕顺时针、逆时针扭转活动。浏览网页时，我会试着换左手操作鼠标，多措并举让自己远离"鼠标手"。

工作中需要久站或久坐，都需要用相反姿态和运动去平衡。我看到身边有颈椎、腰椎问题的同事或家人，疼起来不是闹着玩，颈椎病犯时戴着颈托上班，腰椎间盘突出时走路连脚趾都疼。

回家推荐做猫式等瑜伽动作，但上班期间，坐着也可以做盆骨操，手扶髋部，交替做盆骨的前倾和后倾，保持脊柱的灵活性，没人时甚至可以站起来做。

我有一次上午去其他公司开会，看到对方公司播放广播体操的音乐，让大家在座位旁边活动。我看到网飞等公司，站着开会或讨论，很是羡慕，但现实中大部分的工作环境是坐着工作，坐着开会。

人一旦久坐，挺胸抬头的姿势也难以为继，但还是尽量不要圆肩驼背，不然背部肌肉拉长，腹部赘肉隆起，骨骼、体态、身材和精神气会全面失守。

打字思考间隙，训练一种条件反射，把手放在键盘上，做肩膀前后绕环也很方便，舒缓吱吱作响的后颈，双腿伸直，双脚离地让脚掌打直或勾起，活动循环受阻的双腿。

打钩一项任务，在开启下一项任务前，可以双手或双脚或手指画"8"字，双手握拳再突然爆发式松开，让大脑和肌肉得到更加充

足的供血。

感觉大脑反应慢下来又不得不集中精力，可以故意夸张地打哈欠，能打多大就打多大，打哈欠的同时，紧绷的后颈与肩部肌肉会变得松弛，吸入的氧气可以为全身注入元气。

坐着时，腰椎间盘会受到身体重量的压力，可以做一些左右转体练习。

工作期间，如果电话多，发言多，感觉声音疲惫，喉咙不畅，可以通过鼻子短而急促地呼吸，好像要把前面一张揉皱的纸团吹走一样。

我是我们办公室唯一的南方人，有时我说完一句话，同事没听清，我得再说一次，我意识到自己说话有时会吞掉某些音节，如果我说话时，强调嘴巴和下颌的运动，会让吐字更有轮廓感，吐字清晰，说话更省力，至少不需要通过提高音量或重复内容让对方听懂。

人在紧张时，声调普遍会拔高，尤其是女性，这样很累。可以做降低音阶的练习，如音乐课上 $\dot{1}7654321$ 的练声，让声音顺势下滑。如果口干舌燥，要经常喝水，万一在汇报演讲不便补充水分呢，我看过书上一个招数，轻轻咬一下舌头前部，激活唾液腺，声嘶力竭或破音的情况会改善很多。

在走廊上：

我把走廊视为很好的休息场所，好不容易从座位上站起来，试试拉伸脖颈，头顶找天，用暗力压低肩膀。

我从办公室去洗手间，需要走一会儿，我会使用"正念瑜伽步"，就是在走路时，把注意力从刚刚的工作中抽身而出，集中在移动的手脚上，仔细感受脚底与地面接触的感觉。每走一步，仔细感受引发脚部肌肉和关节的复杂连锁反应。从后到前由脚跟到脚底再到脚尖，每走一步都好好地感知自己是怎么收步、迈步的。

从洗手间回办公室的路上，我会甩甩没干透的双手，然后刻意让眼睛看看走廊尽头，再回到鼻尖，而且要增加力度，仿佛有人给你的眼睛传来一个隐形的篮球，你用眼由远及近地接球，再用力把球传出去。让眼珠在眼眶里画五角星，一些远近调焦和运转眼球的锻炼，对我这种需要高频用眼的近视族实属必要。

长时间工作，下颌会变得紧绷，这就是所谓咬紧牙关，所以在走廊上，可以用刚洗过的手按摩咀嚼肌。

有时需要乘坐电梯，可以踮起脚，以适当的速度上下升降身体，促进下肢血液循环。

工作给我们提出各种KPI，但我们不要忽视身体也在给我们提KPI。很多人只顾完成工作上的KPI，忘记工作过程中也应该节能和修复，回家后，呈现出一副忙得灰头土脸、累到不想说话的样子，惹伴侣生气，那回家可能来不及休息，就得忙着吵架。

提升工作进程中的复原力，让单调递减的精力曲线止跌，是一个职场人士的必要修养。

03

精时力管理,以"能量守恒原则"过一天

"精时力"管理是条船,把又忙又累的你,从这头渡到那头,让你成为飒爽的你;把灰头土脸的你,从这头渡到那头,让你成为熠熠生辉的你。

如果你忙,总把"没时间"挂在嘴边,我推荐你做时间管理。

如果你累,总把"被掏空"当口头禅,我推荐你做精力管理。

如果你感觉又忙又累,分不清是忙是累,或者好不容易有时间却没精力,难得精力充沛却没时间,那么,"精时力"管理了解一下。

以前我精力不错,有着贫血患者不该有的活力,后因工作写作两头忙,自我深造时间管理课题。时间管理渐入佳境,生命中引入"孩子"这一变量后,时间和精力大洗牌,压根儿不服我管。

于是这一年我置顶"精时力"管理,希望**单位时间的精力值有定存的部分,也有活期的部分,随用随取,用后即生。**

我看很多美国书籍,作者把几个重要策略的首字母提取出来,

组成新的单词,好记好用。于是我就把"精时力"管理的秘密浓缩为"secret",**每个字母分别代表运动、饮食、睡眠周期、休息、简单和工具。**

一、S(sport/ 运动)

我把运动作为"精时力"管理的带头大哥,是因为每个人都会自发睡眠、饮食和休息,但运动就不一定了。因为没精力,所以不运动,这是因果倒置,**越不运动,越没精力。**

我把运动定义得更广义,能对抗重力的就是运动。我现在的运动包括**技巧运动、有氧运动和反久坐运动。**

技巧运动是像瑜伽、舞蹈、篮球、足球等有技巧、有规则的运动,我现在每周至少去一次健身房练瑜伽或跳操,平时有空就打开Keep,跟练一段形体芭蕾。

有氧运动是能保持心率在一定程度上的运动,我现在每周练习两至三次椭圆仪,每次半小时。

有氧运动和技巧运动,会对大脑产生有益且互补的影响。

我每次运动完,能明显感到思维更清晰,灵感更茂盛,压力附着物排出,多巴胺附体,焦虑和烦躁暂时告退,我像打了最高级的腮红,对世界爱得小鹿乱撞。

德国有项研究,当人们在完成相对高强度的运动后,赶快背单词,效能会提高 20%。

运动会分泌脑源性神经营养因子,促使大脑神经元之间的连接、活跃程度和膨胀程度,让你记忆好,变聪明。我向自己发起一场反久坐的生活方式运动，人类久坐到令人发指的地步，上班坐着，上车也争先恐后找座位，到了任何一个房间，站着像是破坏某种约定俗成的平衡似的，一定得赶紧坐下。

我在家会拿个纸箱垫着笔记本电脑站着写作。我们的新家，在我和老公的工作间，打算放置两张升降写字桌，养成站着用电脑的习惯。**站起来工作或谈事，是拖延症的克星，也是好身体的救星。**

二、E（eat/ 饮食）

最近一次精力塌陷，是因为饮食出了问题。我爸炒的四季豆没有完全做熟，导致我夜里起来上吐三次，下泻一次，第二天无精打采，形如废人。

"精时力"饮食法则，就是**尽量维持血糖稳定**，避免大起大落，少吃血糖生成指数高的食物。**一日三餐变成五餐**，不要吃得太撑，撑到食困的地步，不要饿了才吃，不要渴了才喝。

我以前一日三餐吃得饱饱的，平时基本不碰饮料和零食。带娃期间经历几次低血糖引发的心慌，以及暴饿后猛吃的颓丧后，我减少了正餐的食量，上午、下午简单加餐。正餐以一巴掌蛋白质、一捧蔬菜、一拳头主食为佳。**一定要细嚼慢咽**，前几口尤其要慢，饿的情况下，最好别吃软烂的粥，避免血糖升得太快，也别吃热气腾腾的面或红薯，热的食物会吃得飞快。

营养学里有个"法国悖论"：法国人吃得很"三高"，肥胖率却最低，因为吃得慢。和身边人分享零食，自己**吃个两三口就打住。**精力不太够却需要用脑时，喝几口咖啡或茶水，思维就会清晰明快，不要多喝，同样**喝个两三口就打住**。血糖的稳定，就是精力的稳定。

三、C（circle/ 睡眠周期）

睡觉睡的就是睡眠周期，分为睡眠前、睡眠中、睡醒后。

睡眠前，白天接受日光洗礼。晚上天色已晚，**光线从亮变暗，声音从吵变静**，记住，"睡前不玩手机是中华民族的传统美德"。

没重要的事，就把手机放到 5 米之外，有重要的事，记得调成夜间模式。看电视的，把枪战片换成纪录片；看书的，把小说换成国外理论书。家里有娃的，播放宝宝催眠音乐，自己以 0.75 倍速开始讲小故事。

睡眠中，90 分钟是 1 个周期，根据预计的起床时间，来锁定睡觉范围。比如，早上 5 点半起床的我，要睡 5 个睡眠周期，晚上 10 点左右入睡最为理想。晚上 9 点半，自己和孩子就上床，为睡着时刻准备着。

睡眠中，孩子成为最大挑战，孩子饿醒，要起床冲奶粉，睡觉过程中，孩子或用头拱我，用手戳我，用腿踢我，我必须要具备强大的抗干扰能力。心里太烦躁或思维太活跃，到客厅看本枯燥的理论书籍，是我尝试过很多方法后的压轴武器。

睡醒后，到窗前晾晒一下自己，褪黑素撤退，血清素升高，利用早起时光，做点自己喜欢或精进自己的事。除了夜间睡眠，白天需要小睡，如规律性地午睡，或者在通勤路上、等人期间见缝插针地小睡。

四、R（rest/休息）

以前，我看孩子玩得好好的，我会表情夸大、动作夸张地引逗孩子，硬要陪她做游戏，给她讲故事。没多久我就累了，等她哭闹起来，精力欠费的我虽心生烦躁，但还得强颜欢笑，觉得带娃实苦。

其实，孩子一个人玩时，就是我养精蓄锐的时段。在信息流和算法推荐下，看手机视频或图文，是伪休息。用没停顿的语速或很洗脑的音乐塞给你一堆信息，累眼累耳更累心。

真正的休息，会让身心得到不同程度的复原。喝够精力复原乳，如果孩子需要，才能铆足精力地迎"孩"而上。一旦她要爬楼，我能护她周全，她乱吃东西，我能马上拿开，她要我陪，我能全情投入。

"精时力"休息法则就是，随时随地采用适配的休息方式。**时间很短，就用瞬时休息术**。电脑网页加载得慢了一点，我就启动正念休息，闭上眼睛，先呼后吸，感受呼吸吐纳，几个回合后，焦躁和疲乏会退后半步。**时间适中，就用调节休息术**。开启身心脑与工作的反状态，在办公室工作用脑力快节奏，在室外休息就用体力慢节奏。工作与工作的间隙，梳梳头，揉揉太阳穴，听听摇滚乐，精力会向前一步。**时间较长，就用附体休息术**。周末有时间，抽离现实，看一本书，体会作者的所见所闻所感，看一部电影，附体主角的奇幻漂流。

五、E（easy/简单）

时间管理的书我涉猎过很多，时间管理的方法我实践过很多。

以前我喜欢探索自己的状态上限，从番茄工作法到清单革命，从甘特图法到子弹笔记，从紧急重要四象限法到一日三分法，从柳比歇夫时间流到达·芬奇的睡眠法……

不管曾经的理论和实践有多登峰造极，婴儿从来不会出现在你的条理、计划、流程中。她才不管你在不在番茄时间里闭关修炼，才不管你什么紧急什么重要。而且她精力无限，据说奥运冠军陪 2 岁的孩子，没多久，冠军就累翻了。趁孩子自己玩着，赶紧恢复精力，如果下一步她闹了，我马上有笑脸和体力陪她哄她；如果下一步她睡了，我马上有脑力和状态精进自己。对于随时待命的你，方法极简才是硬道理。擅长游击战和持久战，学起来不费力，用起来很省力。**随时补充精力，扩增能量密度，精简管理工具，减少情绪内耗。**

六、T（tool/ 工具）

我现在不用那么多时间管理 App+ 笔记本 + 清单 + 表格了。我把我的"精时力"管理工具删成了 3 项。

口袋本，只记录跟自己有关的事项，随时背在包里，写作写哪些，学习学哪些，身体补啥练啥。**需要回复的待办事项，就用微信的"标为未读"功能。**工作或生活中需要和别人配合的待办事项，着急的马上就办，不着急的化零为整地办。不用专门在本子上记录任务时间人物等信息，而是直接把聊天对话框标为未读，有空再做，做完回复，直到小红点消失。**在规定时间内要做完且不需回复的待办事项，就用手机闹钟。**有明确截止时间的事情，预计一个可能有空的时间，设置提醒闹钟。

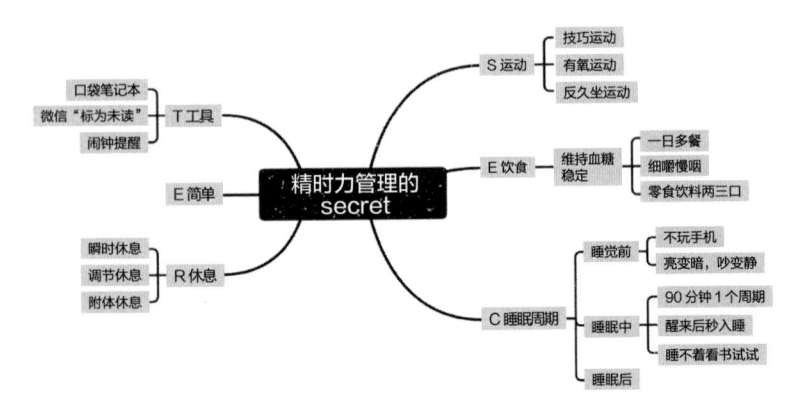

```
                    ┌─ 技巧运动
              S 运动 ├─ 有氧运动
                    └─ 反久坐运动

                           ┌─ 一日多餐
              E 饮食 ─ 维持血糖稳定 ├─ 细嚼慢咽
                           └─ 零食饮料两三口

  口袋笔记本 ┐
  微信"标为未读" ├─ T 工具
  闹钟提醒   ┘
              
              E 简单 ── 精时力管理的 secret

                           ┌─ 睡觉前 ──┬─ 不玩手机
                           │          └─ 亮变暗，吵变静
              C 睡眠周期 ─┤
                           │          ┌─ 90 分钟 1 个周期
                           ├─ 睡眠中 ─┼─ 醒来后秒入睡
                           │          └─ 睡不着看书试试
                           └─ 睡眠后

  瞬时休息 ┐
  调节休息 ├─ R 休息
  附体休息 ┘
```

总之，我的"精时力"管理的秘密就是，晚上尽量充满电，白天精力随时间递减时，插入碎片化的 S（小小热身）E（喝水吃零食）C（打个小盹儿）R（放空一会儿）。给精力一个缓冲，把一路下跌的精力皮球，用球拍顶一下，让它上弹。好方法简单易操作，好工具一个顶几个。

"精时力"管理是条船，把又忙又累的你，从这头渡到那头，让你成为飒爽的你；把灰头土脸的你，从这头渡到那头，让你成为熠熠生辉的你。

04
低内耗的公式，让人生轻装上阵

每个人都有自己的漫漫取经路，而取经先驱者们已经告诉我们抵御八十一难的或许不是七十二变，而是低内耗公式中的四个要素，在利他中释怀，在专注中成长，在享受中减压，在学习中精进。

近年来，我喜欢一个叫中岛敦的作家，他出生于日本东京，祖父和父亲都是汉儒学者。

我读过他对《西游记》师徒四人的看法，让我惊喜地找到了低内耗的本质。那就是**唐三藏式的利他信仰，孙悟空式的纯粹专注，猪八戒式的享受此刻和沙悟净式的求解精神**。

一、唐三藏的利他信仰

妖怪一旦袭击唐三藏，他立刻受制于妖怪，一个手无缚鸡之力的人却深深吸引三个徒弟追随，因为**三藏"能够忍受自身的悲剧性，勇敢追求正确而美好的事物"**。

他在日常生活中做好了不因外界事件而动摇内心的准备，也做好了随时可以为了利他平静死去的准备，在对待生活上，一切都无须解决，因为所遇即必然，他已经把必然看成自由。

有一次我看《朗读者》，看到河南麦爸菜妈的故事大受震撼，要量化麦爸茹振钢的科研成果，那就是在中国饭桌上，每8个馒头里有1个是茹振钢培育的"矮抗58"；要形容菜妈原连庄的科研成绩，那就是在中原地区，每10棵白菜里就有5棵是原连庄培育的"新乡小包23"，**如果粮食开口说话，很可能是河南口音。**

麦爸无限深情地凝视着小麦，如数家珍地介绍道，"这个叫矮抗58，非常好管理""这个叫百农4199，是最先进的"，他是夜半时分会去麦田和麦苗聊天，听小麦拔节时嘣嘣声响的人，他是研究了8年的矮丰66失败后，急起来咬自己胳膊，整整4年才恢复的人。

夫妻二人扑在田间地头，生活安之若素，女儿在白菜地里长大，女婿也是农业科技人才，全家都在为中国餐桌而努力。正如他们所说："我们家决定，继续努力地搞科研，服务我们国家、我们老百姓。"

我很难想象这样一个人或一家人平时会被生活中的琐事影响心情，心中有大愿景，应该也很难留下小情绪了。

二、孙悟空的纯粹专注

孙悟空会七十二变，这项技能需要极致的专注，**原理是先要有想变成某物的意念，然后使这个意念变得极为纯粹，如果意念强烈到无以复加，自然成功，失败就是因为不够专心、不够专注。**

孙悟空战斗时全神贯注，身上每个部分都焕发生机，精神和肉体燃起熊熊火焰，不管处于何等危险中，他只担心能否完成眼中的事情——降妖怪，救师父。

孙悟空不提及过往的事，也许他已经忘记过去的事，但他将每次经历带来的教训都深深融入血液，"教训转化为精神和肉体中的一部分，所以没必要将过去的事情——记在心里"。

他活得特别纯粹，能够单纯地肯定自己的人生，外人强加给他的思维方式，除非自己认可，否则就算是公认的想法，他也不人云亦云。

人类很难和石猴相比，我们容易分心，经常走神，但厉害的人在工作中、兴趣中能进入心流状态，眼前只有一件事，感受到一股洪流带领着自己，达到人事合一的浑然忘我境界，全身心浸泡在当下的事里，几个小时如同一瞬。

三、猪八戒的享受此刻

深爱着人生、深爱着世界的猪八戒，用尽自己的嗅觉、味觉、触觉来体会这世间。

有一次，猪八戒猜想极乐世界究竟长什么样子，也是喝着冒着热气的热汤，也能痛快地大快朵颐吗？如果仅像传闻中的仙人吸风饮露地活，那叫什么极乐？

在猪八戒眼里，世上让自己快乐的事情数不尽，"夏日，在树荫下午睡，在溪流中沐浴，在月夜下吹笛；在春日初晓晨寐；在冬夜炉边把酒言欢"，说到爱情之美好和食材之美味，能说上几天几夜。

世间有很多快乐，但享受也是需要能力的。一个人心里总悬挂着未完成的事,不会切换成当下视角,不会以清零的心态和全开的知觉来对待生活中每个盛装出席的瞬间,那么即使吃穿用度再稀缺、再昂贵,生活质量也难以提升。

四、沙悟净的求解精神

在中岛敦的故事里,沙悟净曾吃了九个和尚,九个人的骷髅围绕在他脖子上不肯离开。

别人没看到,但他深感不安,不断咀嚼悔恨,反复苛责自己,所见所闻皆令他消沉,变得毫无信心,沉浸在想法里。

流沙河底传言他得了因果病,不管看到什么,遇到什么,都会立刻思考为什么,可这些问题是最顶尖的神仙才会思考的,普通生灵总想这些根本活不下去。如果这辈子没什么机缘,一辈子都难以快乐。

沙悟净看着鱼欢快翻动着鱼鳞在游动,总会想为什么只有我不开心?

为了让自己快乐,他寻访流沙河底妖怪中的思想家,得到了很多不同角度的开导。

有妖精说,活着的时候不会死的,死亡来临时,我们已经不在了,又有什么好怕的?

有妖精说,只能立足于现在而活,现在很快就会变成过去,下一刻,再下一刻也是如此,此时此刻才无比宝贵,只思远虑,必有近忧。

有妖精说,不能一概而论地说思考不好,只是不能一味地去思考"思考"本身。你将万事万物浸泡在意识的毒液中,而那些决定命运的

Chapter 7
内养提案 | 是珠玉就打磨，是瓦砾就快乐

重大变化都是在意识之外发生的，你出生时意识到自己诞生了吗？

还有妖精说，你不要对旁观者的位置恋恋不舍，在生命的旋涡中气喘吁吁的人们，其实并不像你看到的那样不幸。

…………

直到有妖精为他指出明路，你过于在意得失，所以遭遇无量的痛苦，仅仅依靠观想是救不了你的，获得救赎的办法只有一个：你要摒弃一切思念，开始行动。

后来沙悟净行动起来，机缘之下成为唐三藏的三徒弟，一路上耳濡目染唐三藏的利他信仰、孙悟空的纯粹专注、猪八戒的享受能力，克服困难，西天取经，度人先度己。

我在沙悟净身上看到自己的隐喻，能力普通，想得太多，学不会极致的专注，卸不下包袱细品快乐。而沙悟净对我的启发是，当意识到不开心后，就勇敢地寻求答案，然后行动起来，人生才可能有后续的华章。

古今中外对《西游记》有许多解读和理解，我从中看到**低内耗的公式：有深感兴趣且甘心付出的事，专注做事，善于玩乐，好好休息，意识到内耗后不断求解，展开行动，把内耗降到极低的水平，让自己处于熵减的状态中。**

每个人都有自己的漫漫取经路，而取经先驱者们已经告诉我们抵御八十一难的或许不是七十二变，而是**低内耗公式中的四个要素，在利他中释怀，在专注中成长，在享受中减压，在学习中精进。**

若一路负重，请轻装上阵。

05

每天一个降低内耗、甜宠自己的小技巧

你来人间一趟,不要行色匆匆,吃好喝好
尊重人性中的原始快乐,要玩要乐让生活
劳逸结合,亲近大自然让自己变得纯粹,
学习小孩子让自己贴近纯真。

现在的读者们越来越不喜欢听"我有一个朋友"的故事,但我确实认识一个狠人朋友。曾狠到直接找领导申请"干三个人的活领两个人的钱",周末连轴转,年假不休息,不到2年,身心凋零,从深圳辞职,去大理调整。

狠人朋友的故事长存我心,提醒我平时就要让重压即有即排,别让内耗长期驻扎,淤堵身心,要内养自己,别让自己的身心枯萎得太快。

做个低内耗的成年人,需要掌握甜宠自己的小技巧。

第一个方向,从吃喝中找到最简单的快乐。

一、有空就煲锅汤

我曾在广东生活几年，深爱各种汤汤水水，因为工作虐我千百遍，汤水对我如初恋。喝完猪蹄汤或鸡脚汤，嘴唇立马丰盈，喝完胡椒猪肚鸡汤，周身酣畅淋漓。哪怕离开多年，有闲情逸致时，我还会跑到菜市场买回新鲜的食材张罗煲汤。我的写作搭档庆哥是广东人，经常给我寄来她搭配好的懒人汤料包。春天的茅根竹蔗汤，夏天的酸梅汤，秋天的雪梨杏仁汤，冬天的五红汤，润喉润胃又润心，补形补神补元气。

二、自制创意菜品

有一次去一家新开的餐厅吃创意菜，觉得味道好吃中带点奇怪，反正就是怪好吃的，忽感餐厅厨师工作有趣，回家也想发挥创意，正好那段时间家里有盒牛油果，正愁着不知道怎么吃，干吃吃不惯，蘸酱、加糖也相继宣告失败，后来发现和牛奶放进料理机里打成汁，居然怪好喝的，接着探索牛油果和不同品牌的牛奶碰撞出来的火花，每次精心搭配，发挥想象，做好了叫创意菜，做坏了叫黑暗料理，一切需等尝味时才揭晓。

三、寻找城市美味

我刚来这个城市时，经常让同事和朋友给我推荐当地最好吃的东西，往往他们推荐的时候，会带出和美食相关的个人故事，然后我和老公找时间专门去吃，边吃边分享同事或朋友的故事，不看手机，五感全开，专心吃一顿饭。

四、观看美食书影

诱人的画面,动人的文字,哪怕嘴巴吃不到,但意念就着口水吃着美食的滋味,也是一种不同寻常的味觉享受。

第二个方向,在玩乐中让身体得到彻底放松。

五、用水带走压力

泡温泉、泡澡、泡脚有说不出的舒适感,常规有常规的享受,例外带来指数级惊喜。有一次我和我妈聊天,她提到有一次我给她打了洗脚水让她泡脚,她觉得感受美妙难忘;有一次我请老公帮我打水泡脚,也有类似感觉。

六、尝试新鲜项目

很多人越长大,喜好越固定,而我偶尔打开团购App,选择一些当下在年轻人中比较流行和新鲜的项目,如密室逃脱、剧本杀、情绪发泄屋、零重力空间、真人CS等,偶尔约着朋友或独自前行,虽然有花钱买罪受的冒险,但说不定能玩得尽兴或认识新朋友。

七、参加文体活动

在越大的城市,越能享受文艺、体育活动的乐趣,疫情前我还会在周末去趟北京,看看名人故居,各式展览,体育赛事。疫情后,虽然对本地线下演出的脱口秀巡演或文艺表演极为感兴趣,但因家中有小孩,本身也有社交恐惧,心里虽痒,却不敢前往。有一次朋友怀念看球的氛围，虽然被后面暴躁大叔的手链砸到，但她还是期待疫情滚蛋，想去看球。

八、沉迷趣味运动

我有时过于注重锻炼的必要性而忽略了运动的趣味性。有一次在瑜伽馆搭讪一位身上有肌肉、眼里有力量的姐姐，求她推荐当地好玩的运动，看我是同道中人，她热情地把她学滑板、学拉丁、学泰拳的教练微信推给我，回到家我忍不住把她的朋友圈翻到底，去吉林滑雪的照片配的文案是"不会因为一个人爱上一座城，但会因为一项运动爱上一座城"，在网球馆的照片配的文案是"听嘭嘭嘭的击球声，一切不快都打到九霄云外"。

九、享受正念按摩

有一次和老公跑完家装市场，味道熏得脑仁疼，走在路上巧遇一家按摩店就进去按脚，1小时后，头不疼了，眼不涩了，脚步轻盈，心情清爽。受此启发，我办了张 SPA 卡，每个月抽空去一次，温热的精油在背上晕开，配合技师刚柔并济的掌间力量，步步深入，击退每寸疲乏，环环相扣，缓解皮下辛劳，层层迭进，唤启身心活力，放空脑袋里的想法，卸下心里的负重，从感受气味、温度等环境参数到感受当下的感受，手指压到穴位的酸和游走经脉的爽，按完有一种接近零卡顿的状态。

十、放声唱首歌

没孩子、没疫情时的周末我会和朋友去唱歌，各种搞怪、吼叫、深情、乱舞，后来和老公或母亲逛商场时看到迷你KTV就一时兴起进去唱半小时，不费力就有好音质，有一种歌手在录音棚录歌的错觉，唱完整首还有录音同步到手机端，偶尔听听，趣味盎然。现在没时间、有孩子、有疫情，家里的智能音响常播儿歌，偶尔趁孩子不备，点一首想唱的歌，放声唱首歌，心情倍儿好。

十一、让自己哭一场

如果笑让人精神，那么哭能让人爽快。各种脱口秀、爆笑综艺和搞笑视频等让人发笑的节目应该和感人的影视剧结合起来。笑点能让人迅速发笑，哭点需要耐心和酝酿，我心情持续低落会有意识地找哭，几乎所有狗狗的电影或抗疫宣传片都能让我狂流动情之泪。《减压脑科学》一书中告诉我们，流泪，尤其是流动情之泪能够调节神经递质，让压力从更接近根源的部位切断。

十二、请一个迷你假

有一次看一篇公众号文章，竟然看到朋友的留言，文章主题是压力大时如何调整，他说他会请一天事假，在家玩游戏、看书、睡觉、发呆，当时我纳闷儿他不是公司的中流砥柱和业绩达人吗？但转念一想，工作提前安排好，你离开半天一天，真的不至于瘫痪，花点时间照顾自己更重要。人在烦躁时，做点任性的事情很有镇定效果。

十三、静下心做手账

以前我总用日程本、效率本，近年来越来越离不开手账，不给自己限定条条框框，有空有兴致就打开手账，记录一下今天的所见所闻所感所悟，或和自己好好谈谈心，或感谢周围人对自己的照料，做手账的一天，是闪闪发光的一天。

第三个方向，在自然中感受神级享受。

十四、沿海岸线骑行

我现在居住的城市拥有中国最长的海岸线，平时天气好时，找个清晨去骑行，游客们还没动身，看到的都是热爱生活的人们，跑步、游泳、散步，风轻拂过面部，眼前一片开阔。偶尔脱去鞋袜，站在海边，闭上双眼，张开双手，让海水的律动平复心中的起伏。

十五、沿着山路爬山

我现在居住的房子就在山下，小区里有一条不算隐秘的通道能直接上山，每年春秋两季是我的爬山高峰期，有段时间下班把包放回家，换上运动鞋爬山，山路两边的树草花是我的无线充电器，爬到山腰的亭子处，瞭望城市，高楼与我同样高，车水马龙显得渺小，依山观海中，我在静谧却汹涌的风水宝地呼吸吐纳，新陈代谢。

十六、感受科幻小说

高中时我算得上半个科幻迷，后来备考、离家、工作，科幻渐渐淡出我的生活。生完孩子，一地鸡毛，下班路上开始听科幻小说，在刘慈欣的三体宇宙中感受宇宙辽阔，未来莫测，也买回家一些科幻小说，甚至看了不少看不太懂的科普书，把人类抽象成渺小群体，在更多维、广阔的宇宙中遨游。平时关注着房子和孩子具体的小事，再看看黑洞、银河、星际尘埃、白矮星、反物质……让自己的思想远近调焦，浪漫宏大地休息一番。

第四个方向，像婴儿感受原初的快乐。

十七、及时安抚自己

我女儿出生后哭闹得厉害，大人拿出安抚奶嘴，她合上嘴巴，产生有节奏的律动，哭声停止，情绪安静下来。看着她吃奶嘴这么香，我计划等她戒掉奶嘴后，一定要试试，结果很失望，没什么味道，吸两下就不想吸了。每个阶段的人都要找到适合自己的"安抚奶嘴"，嚼点东西，做点运动，让身体的某个部分律动起来，有效安抚自己的烦躁情绪。

十八、抱抱毛绒玩具

我女儿1岁半就上幼托了，刚开始的几天不太适应，我发现她总是抱着幼托机构的一只小熊，走到哪儿都抱着，甚至抱回家里。有一天我突发奇想，买了一个稍大一点的毛绒玩具，我想抱抱看，体会女儿的心境，暖暖的，软软的，毛茸茸的，真的会让自己更有安全感。大人们能做回小孩子，几秒也幸福。

十九、哭过马上就忘

小孩子们有一项我羡慕的超能力,就是上一秒还哭得上气不接下气,下一秒就笑得无忧无虑,合不拢嘴。大人们总有隔夜仇和隔夜愁,太应该向小孩子学习,及时翻篇,每一刻都是崭新的,好奇地看着、触碰、感受,很认真地活在当下。

当我生完孩子觉得内耗增多的时候,其实孩子也在教我怎么降低内耗,怎样放慢生活,怎样滋养自己。

一个生活的有心人,会发现生活中隐藏着很多内养补给包,有的帮我们增加能量,有的帮我们延长生命,有的帮我们过关斩将,有的把我们送上云梯,只是很多时候我们按部就班急于通关没看见。

可是太忙的生活约等于惰性的生活,会让内心枯萎得很快。正如《西藏生死书》里讲的,惰性分为东方的惰性和西方的惰性。东方的惰性在印度表现得最为淋漓尽致,整天懒洋洋地晒太阳,无所事事,逃避任何工作或有用的活动,茶喝个没完没了,听电影歌曲,收音机开得震天响,和朋友瞎扯;西方的惰性则是一辈子都忙得身不由己,没有时间面对真正的问题。每天的时间都被电话和琐碎计划等许多"责任"占满,也许称为"不负责任"比较妥当。

你来人间一趟,不要行色匆匆,吃好喝好尊重人性中的原始快乐,要玩要乐让生活劳逸结合,亲近大自然让自己变得纯粹,学习小孩子让自己贴近纯真。

我们内心要永远常驻一个霸道总裁,在我们疏于照顾自己的身心时,霸道地带你从烦乱中抽身烦乱,甜宠地对你说,你给我好好照顾自己,我不准你枯萎得太快。

06
做人开心的底层逻辑是做事专心

不专心是一种高耗能的活法,在身累的基础上,偏要给自己征收心累的附加税,在体力活和脑力活的基础上,非要给自己绑上情绪活和心力活的负重沙袋。

TVB 电视剧有句灵魂口头禅:做人嘛,最重要的就是开心。

可是当我开始独自面对社会,和生活的刀光剑影交手几个回合之后,越来越发现,"开心是一天,不开心也是一天"这类选择题早已升级难度,从选 A 还是选 B 变成了需要你自行构建回答的问答题。

成年人所谓"开心的一天",需要基础和支柱,在我看来,做人要开心的底层逻辑就是做事要专心。

作为一个成年人,我们都有该做的事情,要履行义务,承担责任;而作为一个人,我们都有想做的事情,要放松精神,享受生活。

如果我们在做该做的事时进入心流状态,在做想做的事时,接近正念境界这是我心中的高质量人类范本。

但绝大多数人做不到。

复习重要的考试前，紧凑的学习节奏被"考不好我就死定了"的念头分割成若干段。工作临近截止日期，忙碌的项目进程被"改那么久不会用第一版吧"的不祥预感，让自己陷入边焦灼边拖延的境地。

好不容易有个假期，原定的休闲时光被"同龄人抛弃你连招呼都不打"的标题扰乱。终于有空陪伴孩子，快乐的亲子时间被"现在轻松的双减和未来残酷的高中录取率"的矛盾逼退。

该学习、工作时，做不到集中注意力，心无旁骛地专心干一件事。

该玩乐、放松时，做不到心无杂念，全神贯注地专心享受当下。

不专心是一种高耗能的活法，在身累的基础上，偏要给自己征收心累的附加税，在体力活和脑力活的基础上，非要给自己绑上情绪活和心力活的负重沙袋。

为什么专心这么困难，分心却那么容易？

一是内在易分心，这是人类的出厂设置，古人必须高度注意周边环境，从声响到气味，都得时刻警惕，那种对外界有钝感力的人，易遭攻击，性命难保。所以现在我们明明很忙，但还是克制不住看热搜了解世界大事，看朋友圈了解身边小事，未必是为了谈资，为了娱乐，更可能是响应基因的召唤。

二是外在诱惑多，这是科技的近代产物，手机让我们能够随时随地联系和被联系。领导布置工作，在群里拍了我一下；同事找我帮忙，给我发了条信息；同学找我唠嗑，给我打了个电话；父母想我了，给我发起视频请求……各种软件、游戏、活动为了吸引我的眼球，人力和算法齐齐上阵，红点提醒和红包派发多措并举，在眼球经济时代，我的眼球已经不够用了。

我绝大多数的烦恼来自自己的事做不好，别人的事瞎操心，闲下来也难放松。该做的事情没做完、没做好，以我的心理素质和抗压能力，接下来就算想做已久，也无法乐在其中。

我对自己的高质量版是这么设计的：

对于该做的事，奔着心流去。

心理学家米哈里·契克森米哈赖给"心流"下的定义是：一种将个体注意力完全投注在某活动上的感觉，心流产生时会有高度的兴奋及充实感，主观的时间感发生改变，让人感觉不到时间的流逝。

我们工作时，时不时看下电子邮件，动不动看下手机信息，据说这样会"心智残疾"。实验证实，在神经元之间产生连接的髓磷脂，会因大脑习惯随时分心而下降，大脑连接力也随之下降。

好在我写作时容易进入心流状态，我家住在顶楼，很多人不喜欢顶楼的房子，但当初看房时，看见阁楼，我耳边立马传来李佳琦"买它"的魔音。

我在阁楼上只放了书桌和电脑，每次上楼写作或看书时，把手机放在楼下，减少外在诱惑，助我进入深度写作状态，看过很多好书的我当然知道自己的水平，但我依然欣喜地看到自己想出或写出触发自己当下认知边界的观点。

心理学家荣格有一个小阁楼，他把它叫作荣格的塔楼，是他工作的地方，不允许别人进入，塔楼不通电也没有灯，荣格只在白天工作，一般进去深入思考和写作 2 小时后，出来冥想或散步。

在进入心流状态之前，需要刻意准备一些仪式，福尔摩斯办案之前要披上风衣，贝多芬创作前要数 60 颗咖啡豆，波伏娃写作前要喝一杯茶。

J.K. 罗琳写《哈利·波特与死亡圣器》时，很多人找她，家中有孩子，她无法深入故事逻辑中，就找了当地最好的城堡酒店，在那里专心写作。

哪怕你没有像荣格一样的塔楼，没有像乔布斯一样的禅室，不能像 J.K. 罗琳一样去城堡酒店，依然可以把手机调成静音，放在 3 米外，郑重其事地告诉家人自己要闭关做事了，关键是在心里告诉自己：接下来的时光，静下心来专心做某事。

对于想做的事，朝着正念去。

我很嫌弃自己的一点就是，明明做完该做的事，在做想做的事时，还会心不在焉。如果说"生活在别处"有点令人心动，"感觉在别处"真的让人心烦。

看文章、看视频时，觉得比自己优秀的人比自己还努力，自己不配休息。

看电视、看电影时，脑子里还绷着根弦，边看边想选题，要一举两得。

去按摩、去做 SPA 时，身心无法完全放松，技师等会儿说我哪儿虚让我办卡，想到就心烦。

陪家人、陪孩子时，容易开小差，有灵感就想记录下来，由一个观点想出一篇文章。

吃美食、品大餐时，为了美食圣地排了很长时间的队，吃时却反刍有人插队的不爽。

每到这时候，我感慨自己道行太浅，平时忙归忙，身体闲下来，心也闲不住。

《西藏生死书》里说："我们的心是美妙的，但很可能是自己最大的敌人，给我们添了很多麻烦。我希望心能像一副假牙，我们可以自行决定带走或是留在昨夜床旁的桌子上，至少可以暂停它无聊烦人的妄为，让我们得到休息。"

心组成的词有很多，开心、专心、放心、分心、烦心、忧心、糟心……我为什么经常巧妙地避开正面答案？

对想做的事，珍惜当下，把自己投身于此情此景中，充分打开自己的感官体验，提高正心正念的觉知。

感受人，以及人与人之间关系的流动；感受艺术，以及自己与艺术之间情感的碰撞；感受美食，以及美食和味蕾之间接触的风情。

哪怕对避之不及的事，专心体会当下也会给后续埋下彩蛋。

小时候喝中药，父母让我捏着鼻子闭着气喝，心里想着喝完马上就能吃糖，而我一口气喝完，马上塞入糖果，结果糖也染上药味，味道又怪又苦。

后来发现喝完中药，等上一会儿，苦味消散后再吃糖，除了糖本身的甜味，还有之前苦味的衬托，糖会释放出无与伦比的甜。

我琢磨过一个问题，演员艺术家为什么普遍老得慢，有人觉得是天生丽质加后天保养，但我还想到另一个角度，就是专心。

演员的必修课需要仔细体会当下，无论多好、多坏的事发生在自己身上，除了本能的情绪，还有一个声音告诉他们要记住这一刻的感觉，以后表演可能要用。所以好演员善于观察和体悟生活，极致地体验情绪的每个层次，演戏时也专心入戏，我觉得这会让他们老得更慢。

正念可以通过自我暗示、仪式感、刻意练习来促成。

我在看小说、看电影之前，劝自己尽量沉醉其中，笔记、选题、灵感是沉醉之后有沉淀的衍生行为，不要本末倒置。

我在品美食、看风景之前，劝自己好不容易花时间、花精力而来，乱我心绪者尽量抛诸脑后，美食和美景不可辜负。

我在陪孩子、陪家人之前，会穿上地板袜，思绪神游，通过脚感受地面，把天马行空的思绪在现实中找个附着物。

说到附着物，这也是近年来我越来越喜欢手账的原因，胡思乱想时，拿出手账，写下所想所感，这个固定器，让我不至于被头脑中的信息流冲得太远，我通常开头写所想所感，结尾写解决措施。合上手账，更倾向于做，在我心中，做是想的更高级。

把该做的交给心流，想做的交给正念，剩下的无所事事好时光，想干吗干吗，爱咋的咋的。

人嘛，是珠玉就打磨，是瓦砾就快乐。

准确来说，生而为人，每个人有义务专心打磨自己，也有权利放心愉悦自己。

07

为什么有些人 20 多岁时平平无奇，30 多岁却熠熠生辉

> 每天做点现实之外的事，听点现实之外的话，形成新的抓手，让自己在洪流中多一根自己可以抓住的绳索。

多少人翻开相册，看看 20 多岁的自己，再看看 30 多岁的自己，发现 30 多岁完胜 20 多岁。有句祝福是"祝你永远 18 岁"，简直比惊悚片还吓人。

我从 20 多岁起，一直是好习惯的星探，花时间、花精力、花金钱，挖掘并培养投资回报率高的好习惯。经过筛选和权衡，今天分享六个"使人每天进步的好习惯"。

一、试试不痛快活法的相反数

有个读者看到我曾经的一篇文章《既然刀子嘴，何必豆腐心》，找我倾诉，说自己是个刀子嘴豆腐心的人，尤其是对待感情。

有一次和男朋友吵架，指责男朋友不够关心她，她男朋友一直跟她争辩，吵着吵着，她突然心灰意冷：她希望男朋友多爱自己一点，男朋友只是在争论对错。读者问我怎么办，我当时给的建议是，如果认为自己的刀子嘴豆腐心让自己痛苦，不如试试"刀子嘴豆腐心"的相反数——嘴甜心硬。

比如，不要整天等着男朋友的信息，自己找事做，如果他好久才联系你，就试着等自己的事做完了再回复；如果他问"在干吗"，就回答他"在想你"。因为毒舌感到痛苦，那就试试嘴甜；因为他律感到痛苦，那就试试自律；因为恋爱脑而痛苦，那就试试事业脑。反正不要一成不变地痛苦着。

二、把一天活成缤纷的"三明治"

"三明治"的一天就是，早上为自己制订计划，花一天去实现，让这一天花样纷呈，满载而归，晚上回来总结。我用日程本计划一天的待办事项，已经形成肌肉记忆，我的四象限，不是按照紧急重要来分，而是根据内容分区，分为工作、爱好、学习、身体。后来我渐渐意识到自己的一天，差了三明治下面的兜底，我常常忽略了晚上的总结，失去了日抛一天坏情绪，让自己倍速进步的良机。

我学到一个妙招，拿工作来举例。每天把工作分为三类：不必要的工作，标记为红色；必要的工作，标记为黄色；事半功倍的工作，标记为绿色。在总结时，不要看着流水账，觉得自己辛苦了，涂上不同的颜色，更加一目了然地知道问题所在和改进方向。工作、学习、生活等方方面面，其实都存在很多没意义、没价值、低能效的事。而我们时间精力有限，尽力用巧思和巧力把红色和黄色转化为绿色。

三、让嘴巴拦截负面词

我在书上看到一种观点，自嘲是自信和幽默的表现。但我渐渐意识到，做人还是别自嘲的好，那些身居高位的人物或万人瞩目的明星，自嘲两句，是平易近人，是拉近距离。但我们这种普通人的自嘲，没有成绩和作品打底，别人很可能会信以为真，认为你是废柴。

更可怕的是，你的嘴巴也告诉你的思想，让思想也认为你是废柴。尽量别自嘲，别自贬，让负面词少从嘴里说出。

来两组示范。问：这么近你还开车啊？别说我懒，而要说我想早点到。问：你怎么把这件事给忘了？别说我记性不好，而要说要不这样吧，后面追加两三条解决办法。负面词减少，负面情绪和认知也会减少，生活和心情更能往正向发展。

四、对自己的选择责无旁贷

听父母的话，选择了没感觉的对象，婚姻不幸福，就怪父母。听了朋友的推荐，投资被套牢，就怪朋友。训练对自己的选择负起全责。人生终究是自己的，别人提供建议或推荐，但做决定和买单的人，是自己。不能顺着别人选对了，就觉得自己真棒；顺着别人选错了，就觉得别人在害你。

拯救曾经面临严重亏损的日立集团的川村隆，他说做人要有"最后一人"的心态。生活中有很多决定，不是每做一个决定，都会有一个有形的仪式感——你看了密密麻麻的条款，知道风险仍然同意。但哪怕口头同意，不情愿地点头，不表态地默许，甚至逃避选择，本质上，你都签署了一份协议。

五、每天要和现实失陪一会儿

每个人都有被生活洪流冲击得灰头土脸的时候，我在这样的时刻，会让自己抽离 5～30 分钟。

有一段时间，我开始练字，尤其是心烦意乱且接下来没有急事的情况下。我拿出字帖，仔细揣摩例字，拆解这个字的结构、重心、轴线、主笔，看清楚从哪里起笔，到哪个位置停，摸索下笔的轻重缓急，把一笔一画、一撇一捺写出笔锋。每天花点时间，平心静气地练习，效果跟冥想、静坐有一拼，沉心静气，减少焦虑，字也在进步着。

有一段时间，每天下班在车上，我一边闭目养神，一边听科幻小说。在工作纠缠和生活琐事之间，插入一个想象模块，听到的都是科技、宇宙、星空、人类、文明等词，心中的沟壑像素变低，眼界和境界却得到延展。每天做点现实之外的事，听点现实之外的话，形成新的抓手，让自己在洪流中多一根自己可以抓住的绳索。

六、尊重"健康"这个幕后大老板

《令人心动的 offer》有一期，导师徐灵菱和实习生边吃饭边聊天。她说："我觉得身体真的很重要的，真的前半生拼精力，后半生就是拼体力。因为大家资历差不多，所以我觉得有一点对你们来说，就是有个健身习惯，那个才是真正自己的东西……你 30 岁维护自己的成本，跟 40 岁维护自己的成本，是完全不一样的。"

置顶良好的饮食、运动、作息习惯，因为好的生活方式约等于健康，健康才是幕后大老板，它影响着生活的方方面面。**人的坍塌是加速的，体魄坍塌了，后续的情绪和精神，分分钟分崩离析。**

很多人直到身体不能委以重任时，才深刻意识到没有健康这个 1，后面的 0 再多，也没有意义。但他们很可能依然好了伤疤忘了疼，健康回来了，又开始作了。

对疼痛永怀敬畏之心。我曾经吃生猛海鲜，得了急性肠胃炎，拉肚子拉到脱水，教训记了 10 多年，如今对海鲜或生食都很少碰，哪怕再好吃。我第一次去洗牙时，身体的高度紧张，牙周的入脑酸痛，吐出的大小结石，让我回家猛学巴氏刷牙法，落实在每天的一早一晚中。

总之，习惯之所以称为习惯，基础是重复。而把自己塑造得更好的方法是在重复中擅长。

08

成年人的内耗,是从"黏稠思维"开始的

受黏稠思维支配的人,想事情黏黏糊糊,做事情拖拖拉拉,人与人之间黏到没有清晰的边界感,事与事之间稠到无法就事论事。

知乎上曾有人提问:"是什么造成了人与人的差距?"

高赞答案就七个字:"思维方式的不同。"

大多数时候,局限一个人的不是环境,不是能力,而是固有的思维方式。

所谓石墙易毁,心墙难拆。

很早就有人提出,要拆掉思维里的墙,但思维方式并不总以"墙"的方式存在,也会以"泥沼"的形式存在。

比如,黏稠思维。

什么叫黏稠思维?就是处理家务事秉持一锅粥的糨糊逻辑,对待社会关系抱着和稀泥的糊涂哲学。

在我看来，人与人的内耗差，关键取决于思维方式。

受黏稠思维支配的人，想事情黏黏糊糊，做事情拖拖拉拉，人与人之间黏到没有清晰的边界感，事与事之间稠到无法就事论事。

一件简单小事，走过黏稠思维这片泥潭，就变成一件"牵一发而动全身""清官难断家务事""剪不断理还乱""情中有理理中有情"的复杂大事。

于是，事更多，心更乱，人更累，让身心平添许多内耗。

时间思维黏稠：旧账一翻，人仰马翻。

有个周末，我和老公吵了一架。

我俩给孩子洗澡时，他说孩子衣服脏了，他等会儿手洗。

我知道他最近腰疼，建议他用洗衣机洗，减少腰肌劳损。

他说手洗衣服不累腰，真正累腰的是洗碗。

我意识到他开始翻旧账，因为当天我说我洗碗，后来孩子在家太闹，老公要复习 PMP（项目管理专业人员资质认证）考试，我带女儿出去玩，回来忘记洗碗，他忍着腰疼把碗洗了。

我也开启翻旧账模式，指责他没有保护好腰。"我忘了洗碗你可以提醒我，家里有扫拖机器人为什么要亲自拖地？我专门煲了排骨汤为什么不多喝点补钙？上周去超市为什么结账时要拿瓶碳酸饮料？还有，上个月口腔溃疡，为什么还要吃香喝辣？去年体检异常，为什么就是管不住嘴？"

我以时间为轴线，从不保护腰椎，延展到不善待身体。

旧账一翻，人仰马翻。

有心理学家对翻旧账是这么解释的:"为什么两口子吵架可以从一件鸡毛蒜皮的事开始,翻出一辈子的旧账来?因为所有事都是粘在一起的,当下这件小事根本没有独立性。"

我的初衷是表达关心,却把好牌打烂,本来手里只剩最后一张牌,打出去我就赢了,非得又摸来一个对子,又摸来一个同花顺,对手都没牌了,我还一直出。

随着时间由近及远,情绪也以小见大。

一个负面记忆,召唤出一串负面记忆,忘了他的好,只记得他的坏,让我瞬间和过去所有不愉快场景中戾气缠身的自己合为一体。

很多人明知翻旧账的代价,一来对夫妻感情不好,二来对儿女示范不当,三来对自己身体不好,却依然忍不住翻。

据我观察,很多男人解决问题靠拖延糊弄,很多女人解决问题靠自我安慰,失望积攒多了,统一来把"梭哈"。所谓旧账,对男人来说旧,对女人来说压根儿没过去。

对时间思维黏稠的人来说,之所以旧账过不去,郁积在心里,之所以过去的事没有妥善处理,遇到相似场景就旧事重提,就是因为做不到翻篇。

一件事情有开端、发展、高潮,就是没有结尾。

让过去的事有个结尾,然后该翻篇就翻篇。

人要向前看,别去翻旧账。

用聪明有效的办法,把事有始有终地解决,不愧对曾经,也不埋雷将来。

下次遇事时,把事情当独立事情处理,别杂糅,别串联,别让自己迷失在时间的叠影里。

在自己的时钟上，只有两个字：现在。

空间思维黏稠：场合不分，到处是坑。

有一个问题很有意思："你把公司当什么？"

米未公司把答案分为五种。

第一种把公司当战场。

为了赢和战胜别人而工作，这类人的困扰常是"同事总拖我后腿怎么办？""遇到难缠的客户怎么办？"。

第二种把公司当游乐场。

为了兴趣与喜悦而工作，这类人的问题常是"不喜欢现在的工作怎么办？""工作太无聊了怎么办？"。

第三种把公司当学校。

为了进步和成长而工作，这类人的苦恼常是"在公司得不到成长怎么办？""学不到新东西怎么办？"。

第四种把公司当秀场。

为了展现自我，获得成就感而工作，这类人的纠结常是"我的功劳怎么都记在老板身上？""工作没有成就感怎么办？"。

第五种把公司当卖场。

自己付出多少，就要得到多少回报。付出多，拿到少，就吃亏；付出少，拿到多，就赚到。这类人在意"老板偏心怎么办？"。

一千个人眼中，有一千种职场。

但战场、游乐场、学校、秀场和卖场这些空间的特性更清晰、鲜明。

通过空间的类比，能清楚认清职场，准确定位自己，找到和自己价值观匹配的公司，在职场中少走弯路。

而空间思维黏稠的人，容易不分场合，不关注各个空间的异同，不重视各个空间的边界，不清楚每个空间中自己的最佳打开方式。

在职场找妈，常心怀委屈奔走相告；在家当领导，把职业习性带回家，在公司受气，用家庭代偿，事业家庭两相误。

孩子年幼时，父母房间想进就进，抽屉想开就开；孩子结婚了，婆婆去儿子家，依然以女主人之姿指点江山。

空间思维最好从小培养，做到以下三点：

1. 父母要适当地保持在家里的权威；

2. 父母要尊重孩子的空间，进孩子房间要敲门，给孩子的抽屉配个锁；

3. 让孩子知道，不要随意侵犯父母的空间。

当我们学会更好地理解空间，做好空间中的自己，尊重空间中的别人，那么我们会更多自洽，更少内耗。

人际思维黏稠：家事升级，让人内耗。

武志红在《自我的诞生》一书中，总结了六种家庭关系中的糨糊逻辑。

逻辑1：我的事也是你的事，你的事也是我的事，我的事是所有人的事，所有人的事都是我的事。

假如你是A，家里还有B、C、D、E四个人，你会去干涉B、

C、D、E 的事，他们也会操心你的事。

逻辑 2：所有关系都是我的事。

本来你可以有简单的活法，只处理和你直接相关的关系——AB、AC、AD、AE。

至于 B、C、D、E 之间的关系，你尽量不干涉。

如果你不幸是其中最爱管事、最爱传话、最爱打听的人，你会搅进所有关系中，制造出大量问题，吞下吃力不讨好的苦果。

逻辑 3：你们＝你，我们＝我。

你家任何一个人让我不快，你都要负责；你让我不快，我就找你全家麻烦。

比如，婆媳起冲突，就找老公麻烦。

逻辑 4：把二元关系中的问题归咎于对方。

大多数人离婚时会怪对方：我过得不好，全是因为你。

逻辑 5：把二元关系中的问题归咎于第三方。

丈夫婚后出轨，有些原配没有首先攻击丈夫，而是攻击丈夫的小三。

逻辑 6：绕弯沟通。

A 对 B 不满，却不直接跟 B 说，而是说给 C 听，让 C 转达给 B。

之所以绕弯，是因为在二元关系中表达不满会造成张力过大，自己也容易产生无能感和羞耻感，不直说似乎就不用负责。

以上这六种糨糊逻辑，体现了家人间互相缠绕，缺乏清晰分寸，不能区分"我是我，你是你"，从而导致家庭混乱。

和睦相处时是浓得化不开的粥，有矛盾时小矛盾升级成大矛盾。

人际思维黏稠的人，容易把事情的焦点从个体身上升级，不聚焦在我和你的二元关系上，而是把事情编织进复杂的关系中，弄得越来越复杂。

别把简单问题复杂化，别把单线程的事情多线程化，别把二元关系多元化，一家人也要分清你和我，学会课题分离。

让人际关系清爽，就是让自己轻松。

有句话叫"你有什么思维方式，就有什么命"。

我们每个人，都以各自的理解和经历，构建自己的思维方式，然后再用这个思维方式和世界相处。

我们塑造了思维方式，更被思维方式塑造着。

什么思维什么命，有多黏稠有多愁。

摆脱时间思维黏稠，多向前看，少翻旧账。
摆脱空间思维黏稠，认清场合，做好自洽。
摆脱人际思维黏稠，直接沟通，课题分离。

低段位的人改变结果，中段位的人改变原因，而高段位的人改变思维方式。

电影《黑天鹅》里有句话："挡在你面前的人，只有你自己。"

如果你因为黏稠思维的存在，经常出现时间混乱、空间模糊、人际缠绕的问题，造成事更多、心更乱、人更累的内耗，那么请你

糟糕,今天内耗又超标

果断打开"思维转换"的开关。

> 思维有多黏稠,日子就有多发愁。
> 思维有多清爽,人生就有多美满。

09

所谓"活得通透",就是叫醒不肯清醒的自己

别去和趋势斗,和人性斗,而是和内耗斗,和拖延斗,畅快通透,减少内耗,美好的一切才会发生。

你不肯清醒,看再多新闻都没用

有一天在微博看到一条同城热搜"东芝大连通知停产"。真是发生在身边的热搜,我的好朋友毕业后进入东芝电视,她和她老公在那儿工作、认识、恋爱、结婚、生子。

前几年,她跳槽,我问过辞职原因,她说以前公司业务蒸蒸日上,后来业绩下滑,从经手的工作中就知道。从电视新闻中她知道不少外资企业受到国内劳动力成本上涨的影响,计划把部分制造业迁到东南亚。加上国产电器品牌的崛起,日本电器市场占有率逐年减少。

她决定辞职，另谋出路，在新公司站稳脚跟后，还劝老公保持清醒，认清局势，不然年纪大了更加被动。没过几年，她老公也辞职了，现在在另外一家企业做得挺好。

中年人面临大龄失业，让人心情沉重，也给人敲响警钟。很多局内人早已看到行业趋势，但是大部分人不愿清醒，不想面对，心存侥幸。瘦死的骆驼不比马大吗？日子再差又能差到哪儿去？年纪老大不小折腾什么？

因在舒适圈里画地为牢，等到既在意料之中又在意料之外的噩耗降临时，无处可去，无计可施，生硬着陆，陷入困境。

多年前，我在深圳认识一位外贸人，在一家做 VCD/DVD 外贸的公司工作。闲聊中，他说 VCD 已经淡出人们的生活了，越是从事夕阳行业，越要保持清醒。

当年他认为这门生意还有个两三年的光景。一是国内同行转行让竞争锐减；二是中东等地区还有需求量。我记得他说"要精进英语、第二外语、外贸物流业务，业余研究电子元件，争取将来软着陆"。

某个行业被唱衰，不意味着马上转行，但自己至少要有适度的危机感，培养可迁移能力，不要盲目扩张消费，给自己准备好 Plan B。

你不肯清醒，外界释放信号都没用

有一天我在咖啡厅写作，休息期间，听到身边两位女士的聊天。

怀孕女子说:"我家最近在看××学校的老破小学区房,价格稳定,准备入手,全家早就省吃俭用,就想给孩子好的教育,等孩子上完学,学区房一卖,还能赚一笔。"

成熟女士说:"别心急,先观望,很多城市开始教师轮岗,多校划片,电脑摇号,买了学区房未必能读上好学校,遇上好老师。"

怀孕女子说:"别天真了,哪个家长不想让孩子上好学校,就冲这点,学区房就是硬通货。"

成熟女士说:"你才天真,教育公平和提高生育意愿,这才是大势,跟大势斗,吃亏没够。"

这段对话,让我想到连岳的答读者问。读者老公从事教育地产行业,随着国家出台教育新政,对于学科教育培训,暑假不让开课;对于素质教育培训,也有一些限制,行业龙头股价遭腰斩。她老公扎根很久,不甘离职,坚信教培行业有市场需要。

连岳说:"努力和坚韧都是好品质,但是前提是不能有错,如果已经在坑里,越努力越坚韧,坑就挖得越深。教育将回到常态,孩子有充足的时间锻炼休息,校外教育培训的市场大为收缩,赌政策会变,将精力放在走灰色地带,和政府捉迷藏,大方向就错了。"

在做重要决定时,要保持清醒,先判断大方向,不违反公序良俗,不违反法律政策,才不会在情绪和执念中迷失。而有些不肯清醒的人尝到甜头后形成惯性和执念,明明是一条路走到黑,还被自己的坚持感动不已。

沉没成本投入越多,越是滋长体内的赌性,不相信无常是常,不相信见好就收。对现实发出的预警视而不见、充耳不闻,疯狂起来还要加杠杆，最后可能把凭运气赚来的钱，凭实力亏掉。

你不肯清醒，别人怎么劝都没用

人容易对别人的不清醒，见微知著；对自己的不清醒，却见著了都不知微。

近几年，当我把书稿给编辑看，他们会问：有抖音吗？当有品牌想合作，他们会问：有小红书吗？其实背后的潜台词是，别只做写作者了，试试短视频吧。

头部出版社的某位编辑，有一次聊天告诉我，媒体形式两三年就换一拨，早几年前，他们喜欢签公众号作者，现在更愿签抖音作者，没办法，传统出版越来越难，短视频的带货能力更厉害。

其实很早以前，我的编辑就鼓励我做抖音，我不想尝试，觉得用心写好文章就够了。我不想出镜，不想做视频，不想焦虑追逐风口，为了不做，我有一千零一种方式劝退自己。我还振振有词，那玩意儿，多浮躁啊。

有一次看到邓紫棋的采访，她说尝试拍 Vlog，只是希望有更多人认识我，从而喜欢我的歌。我打破偏见，没事就看看读书的短视频，有厉害的大作家亲自推荐自己的新书，有大学生讲述自己的书单。我开始正视内心深处的声音：我喜欢写作，喜欢看书，我也希望自己的书被更多人看到。

但我是个不慌不忙的准备者，需要有规划地提升视频表达和视频形象。当自己看了好书时，有时间就尝试用短视频的形式，聊聊书籍。通过尝试，我品出乐趣，视频读书节目适合时间紧缺的人们，让大家更直接、更鲜活地感受读书的魅力。

自己不肯清醒，蒙着眼，捂着耳，一切都在改变，舒适圈里越来越不舒适。很多时候，清醒要趁早，主动清醒比被动清醒舒服一些。清醒的人，想叫醒那个装睡的自己。

现在人们希望"人间清醒"，但最难的也是"人间清醒"。

心理学上有个"五段论"，出自瑞士裔美国人伊丽莎白·库伯勒-罗丝：在面对悲伤变故时，人们要依次经历否认、愤怒、讨价还价、抑郁和接受这五个阶段。

不肯清醒的人就是一直在前四个阶段往返内耗，像鬼打墙般出不来。不肯接受，不肯面对，不肯行动，让自己接受一波又一波次生灾害。

我们大部分人的人生，无非就是感情、工作、人际关系那些事。下面是我的清醒套装，是我跟自己周旋已久总结出的。

感情清醒四件套：

1. 双向奔赴的感情让一切变容易。

2. 不要为一个睡得很好的人失眠。

3. 强扭的瓜不甜，长痛不如短痛。

4. 不管有无人爱，自己加倍精彩。

工作清醒四件套：

1. 留意趋势走向，战略性扩大舒适圈。

2. 花无百日红，消费上不要未富先奢。

3. 凡事有起落兴衰，多学手艺留一手。

4. 过去几年造就现在，现在决定未来几年。

人际清醒四件套：

1. 与其被人际关系弄得心神不宁，不如沉下心来厚积薄发。

2. 你越弱坏人越多，你越强帮手越多。

3. 别看不惯这个环境，又受不了那个人。改变别人难，改变自己易。

4. 常与同好争高下，不与傻瓜论短长。

清醒是个技术活，愿你清醒，但又不要过分清醒到看清生活真相就不爱生活的地步。别去和趋势斗，和人性斗，而是和内耗斗，和拖延斗，畅快通透，减少内耗，美好的一切才会发生。

好好爱自己，

不只是对的生活方式，

更是对的情绪模式。

© 中南博集天卷文化传媒有限公司。本书版权受法律保护。未经权利人许可，任何人不得以任何方式使用本书包括正文、插图、封面、版式等任何部分内容，违者将受到法律制裁。

图书在版编目（CIP）数据

糟糕，今天内耗又超标 / 梁爽著. -- 长沙：湖南文艺出版社，2022.9
ISBN 978-7-5726-0791-2

Ⅰ．①糟… Ⅱ．①梁… Ⅲ．①成功心理—通俗读物 Ⅳ．① B848.4-49

中国版本图书馆 CIP 数据核字（2022）第 138777 号

上架建议：心理·励志

ZAOGAO,JINTIAN NEIHAO YOU CHAOBIAO
糟糕，今天内耗又超标

著　　者：梁　爽
出 版 人：陈新文
责任编辑：刘雪琳
监　　制：毛闽峰
策划编辑：张若琳
文案编辑：孙　鹤
营销编辑：焦亚楠　刘　珣
封面设计：末末美书
版式设计：潘雪琴
内文插图：壹零腾 OTEN
出　　版：湖南文艺出版社
　　　　　（长沙市雨花区东二环一段 508 号　邮编：410014）
网　　址：www.hnwy.net
印　　刷：三河市天润建兴印务有限公司
经　　销：新华书店
开　　本：875mm×1230mm　1/32
字　　数：244 千字
印　　张：10.75
版　　次：2022 年 9 月第 1 版
印　　次：2022 年 9 月第 1 次印刷
书　　号：ISBN 978-7-5726-0791-2
定　　价：49.00 元

若有质量问题，请致电质量监督电话：010-59096394
团购电话：010-59320018